세상에서 제일 맛있는 엄마표 요리 놀이

창의력, 정서 발달과 편식 개선을 돕는

세상에서 제일 맛있는 엄마표 요리 놀이

최인영 지음

슬로래빗

몸과 마음이 건강해지는
요리놀이를 시작하세요

저의 어릴 적 꿈은 희한하게도 '엄마'가 되는 것이었어요. 다른 친구들이 디자이너나 선생님을 꿈꿀 때, 엄마가 되어 아이와 함께하는 일상을 꿈꾸었죠. 왠지 좋은 엄마가 될 수 있을 것 같았거든요. 시간이 흘러 그렇게 바라던 '엄마'라는 이름을 갖게 되었어요. 그것도 두 아이의 엄마가 되었죠. 하지만 꿈을 이룬 기쁨을 느낄 새도 없이 하루가 어떻게 흘러가는지도 모르고 지냈어요. '오늘은 뭘 하고 놀아 주지? 뭘 해 먹이지?'라는 생각만 머릿속에 가득했어요. 그동안의 자신만만한 계획들은 다 어딜 가 버렸는지 모르게 말이에요.

식사 준비를 방해하는 아이에게
장난감처럼 쥐어 주며 시작한 요리놀이

큰아이가 4살, 둘째 딸아이가 돌도 지나지 않았을 때, 외교관인 남편을 따라 외국으로 나가게 되었어요. 처음 아이들을 데리고 간 곳은 아프리카. 모든 것이 낯설었고, 아이들과 놀러 나갈 곳도 마땅히 없어 하루를 보내는 것 자체가 너무나 큰 숙제이자 도전이었어요. 집이 곧 학교이고, 놀이방이고 키즈카페가 될 수밖에 없었죠. 어린아이 둘을 데리고 외식하기도 쉽지 않아서 많은 시간을 식사 준비에 써야만 했어요. 놀이와 식사, 어느 것 하나 손 놓을 수 없는 상황에서 요리를 놀이처럼 할 수 있으면 좋겠다고 생각하게 되었지요.

처음에는 재료를 하나씩 손에 쥐어 주며 마음대로 가지고 놀게 했어요. 솔직히 말해, 식사 준비를 방해하는 큰아이의 관심을 돌리려던 것이었지요. 장난감 칼로 재료를 다듬고 자르는 척하며 놀던 아이는 얼마 후 진짜 요리를 하고 싶어 했어요. 아동용 안전칼을 마련하고 깨지지 않는 그릇들을 모아 놓고, 앞치마에 모자까지 씌우니 정말 꼬마요리사처럼 그럴듯해 보였어요. 아이도 만족스러워하며 자투리 재료를 썰어서 볶는 시늉도 하고, 그릇에 담아 장식도 하며 즐겁게 놀았어요.

5

요리놀이는 점점 발전했어요. 아주 쉬운 샌드위치부터 약간의 스킬이 필요한 주먹밥까지. 그래 봐야 어설프게 흉내 내는 정도였지만, 부엌을 한바탕 어질러 놓고 너무도 신나 하던 아이의 모습이 아직도 생생해요. 아이 친구들을 집에 초대하게 되면서부터는 간단한 음식이나 쿠키를 친구들과 함께 만들었는데, 어찌나 깔깔대며 즐거워하던지. 언어가 잘 통하지 않아도 사람들과 소통하고 새로운 문화를 알아 가는 데 있어서 요리만큼 좋은 도구가 없다는 것을 알게 되었지요.

편식 심한 아이부터 예민한 아이까지
요리놀이를 싫어하는 아이는 없다

처음 요리놀이를 시작한 후로 8년여가 흘렀어요. 그사이 저는 아이들과 더욱 다양하고 깊이 있는 놀이를 하고 싶은 마음에 아동요리, 아동미술에 관련된 교육을 듣고 자격증을 땄어요. 한 유아교육 잡지에 아이들을 위한 쿠킹아트를 연재하게 되면서 나름의 노하우를 쌓게 되었고, 몇몇 강의도 할 수 있었지요.

그중에서도 가장 기억에 남는 건 쿠킹아트 수업이었어요. 5살이 된 딸아이를 위해 아이 친구 몇몇을 모아 시작한 것이 입소문을 타면서 여러 개 소그룹으로 커졌어요. 아무리 편식이 심한 아이도, 음식에 별 관심이 없는 아이도, 새로운 것을 시작할 때 두려움을 많이 느끼는 예민한 아이도, 아이들의 성향이 어떠하든 요리놀이를 싫어하는 아이는 거의 없었어요. 서툰 솜씨라도 자기 손으로 요리를 완성했을 때 아이들이 느끼는 성취감이나 만족감은 말로 다 할 수 없음을 느낄 수 있었지요. 대부분 호기심 어린 눈으로 '오늘은 무엇을 만들게 될까?' 기대하며 시작했고, 완성된 요리를 엄마에게 빨리 선보이고 싶어 하며 수업을 마치곤 했어요.

요리뿐 아니라 관련된 미술놀이도 함께했어요. 손으로 무언가를 만들어 내고 상상력을 발휘해 저마다의 개성이 넘치는 결과물을 만들어 낸다는 점에서 요리와 미술은 공통의 매력을 가지고 있지요. 나아가 같은 주제를 요리와 미술로 표현하며 생각을 확장할 수 있고, 창의적 사고를 증진하는 데 도움을 줄 수 있어요.

아이들이 마음 건강하게 자라 준 건
요리놀이하며 보낸 시간 덕분 아닐까

많은 시간을 함께 요리하고 그림 그리며 놀던 큰아이는 이제 고학년이 되어 엄마와 노는 시간이 자연스레 줄어들었어요. 하지만 제1호 파트너답게 다년간 갈고닦은 실력을 뽐내며 티라미수를 뚝 딱 만들어 내기도 하고, 좋은 아이디어를 찾으면 한번 해 보자고 제안을 해요. 아프리카에 처음 갔을 때 첫돌도 되지 않았던 딸아이는 어느새 아홉 살 꼬마 숙녀가 되어 항상 함께 요리하고 있어요.

늘 낯선 곳으로 떠나며 적응해야 하는 상황에서도 아이들이 밝고 씩씩하게 자란 건, 엄마와 함께 요리하고 그림을 그리며 이야기 나누었던 시간 때문이 아닐까 생각해요. 여러 나라를 돌아 전쟁통 같은 이탈리아에 있는 지금, 두려운 시간을 굳건히 이겨 내며 새로운 도전을 준비할 수 있는 것도 그 덕분이겠지요.

아이에게만큼은 요리사이자 미술 선생님이었던
저의 작은 경험을 나누고자 용기를 냅니다

처음 책을 집필하기로 했을 때 너무나 설레었지만, 한편으로 걱정도 없지 않았어요. 요리전문가도, 미술전공자도 아닌 제가 과연 이런 책을 써도 될지 망설여졌지요. 하지만 지난 경험을 돌이켜 보니 우리 아이들에게만큼은 분명 요리사였고, 동시에 미술 선생님이었더라고요. 육아의 최전선에서 고군분투하실 엄마, 아빠에게 저의 작은 경험을 나누고자 용기를 냈습니다.

책을 준비하기 시작한 순간부터 마치는 순간까지 응원과 지지, 조언을 아끼지 않았던 남편과 부모님, 가족들에게 깊은 감사를 전합니다. 놀이를 함께하며 너무나 행복한 시간을 선물해 준 꼬마 친구들과 소중한 순간을 멋지게 엮어 주신 슬로래빗 출판사에도 감사드립니다. 마지막으로 하나님의 귀한 선물인 두 아이, 든든한 첫째 준섭이와 책의 처음부터 끝까지 함께한 최고의 파트너 주은이에게 말로 다 할 수 없는 사랑을 전하고 싶습니다.

이것만 알면
요리놀이가 더 재밌어요

요리가 아이들의 편식 개선은 물론이고, 성취감과 만족감, 상상력과 창의력을 높여 준다는 것이 알려지면서 아이들을 대상으로 하는 요리 교실이 많아졌어요. 저도 아이들을 데리고 몇 번 참여했는데, 모든 준비가 다 되어 있어 편하면서도 왠지 아쉬움이 남았어요. 아이가 마음껏 재료를 탐색하고 자신만의 아이디어를 내고 싶어도 여럿이 참여하다 보니 시간과 재료에 제약이 있을 수밖에 없었지요. 제가 직접 수업을 진행할 때도 마찬가지였어요. 완성된 요리를 집으로 싸 보낼 적당한 포장 용기가 없어서 시도 못 한 요리도 많았어요.

집에서 엄마, 아빠와 함께하는 요리놀이는 이런 많은 고민에서 자유로워요. 포장 부담 없이 아이와 함께 만들어 바로 먹을 수 있고, 내 아이에게 더욱 집중할 수 있고, 다양한 확장이 가능하다는 장점이 있어요. 다음의 몇 가지 사항을 읽어 보시고, 아주 간단한 것부터 시작해 보세요.

아이와 함께하는 요리는 왠지 부담스럽나요?

아이와 함께 요리하는 것에 부담을 가질 필요 없어요. 그냥 '아이와 함께 노는 것'으로 가볍게 생각하고 시작하는 게 중요해요. 처음엔 볶음밥이나 샌드위치처럼 평소 자주 해 주는 메뉴에 약간의 재미와 아이디어만 가미하면 됩니다. 재료가 거창할 필요도, 과정이 복잡할 필요도 없어요. 장난스럽게 눈을 달거나 모양틀로 아기자기한 장식을 서너 개 올리는 식이면 충분해요. 아이들은 세상에 없는 최고의 음식을 맞이한 것처럼 환호하게 될 거예요.

그다음엔 무엇을 만들 수 있을까, 아이와 함께 궁리하며 만들면 됩니다. 요리놀이에 관심이 생기기 시작한 아이는 음식뿐 아니라 일상생활 전반에 관심을 가지며, 수시로 이런저런 귀찮은 요구를 하게 될 거예요. 아이가 그만큼 창의적이고 주도적인 아이로 성장하고 있다는 뜻이니, 흔쾌히 번거로움을 감내하시리라 믿어요.

요리놀이 하는 날을 정하고 이름도 지어 보아요

하루하루가 바쁜 부모들이 아이와 함께 요리할 시간을 내기가 사실 쉽지는 않아요. '요리'라는 단어가 부담감을 주기도 하죠. 하지만 단 한 번만, 아이와 함께 요리를 해 보면 알게 될 거예요. 아이가 얼마나 즐거워하고, 그 시간이 얼마나 아이에게 필요한지를 말이에요. 일주일에 한 번이 힘들다면 보름에 한 번, 아니면 한 달에 한 번이라도 꼭 아이와 요리하는 시간을 가져 보세요.

아이와 함께 요리하는 시간에 이름을 붙이는 것도 좋은 방법이에요. '리틀쉐프', '아이러브쿠킹', '꼬마요리사' 등 아이와 함께 아이디어를 내어 재미있는 이름을 지어 보세요. 아이가 사용할 앞치마도 함께 고르고, 요리사 모자를 준비하는 것도 좋아요. 어쩌면 사소해 보일 수 있는 이런 것들이 아이의 활동에 의미를 부여하여, 그 시간을 소중히 여기게 될 뿐 아니라 성취감도 더욱더 느끼게 될 거예요.

아이들과 요리하기 전 모든 준비를 마쳐야 해요

아이들의 집중력은 짧다는 것을 기억해 주세요. 요리한다고 한껏 부풀어 달려왔다가도 시작이 늦어지는 잠깐 사이에 흥미를 잃고 한눈을 팔지도 몰라요. 그러니 준비를 최대한 완벽히 마친 후 시작하는 게 좋아요. 특히 아이들이 좋아하는 재료는 분량보다 넉넉하게 준비하길 권해요. 아이들은 집어먹기 바쁘고, 엄마는 점점 줄어드는 재료를 보며 마음이 급해지다 못해 스트레스받을 수 있어요. 야심 차게 시작한 요리놀이가 언짢게 끝나지 않도록 아이들이 탐색하고 집어먹을 분량까지 여유를 두고 준비하면 좋아요.

위험하지 않은 조리도구는 아이들이 직접 사용해 볼 수 있도록 준비해 주세요. 예를 들어, 핸드믹서로 직접 휘핑 크림을 만들거나 밀대로 쿠키를 부숴 보고 체로 밀가루를 걸러 보는 등의 활동은 아이의 호기심을 더욱 자극할 수 있어요. 그뿐 아니라 새로운 도구를 다루어 본 경험이 자신감을 불러일으켜 요리에 대한 흥미를 한층 더 높여 주게 될 거예요.

아이가 성취감을 느낄 수 있도록 적절한 개입이 필요해요

아이가 주도적으로 할 수 있도록 기다리고 격려하는 게 기본이지만, 어린아이인 만큼 부모가 적절히 개입하여 성취감을 느낄 수 있도록 해야 합니다. 채소를 잘게 다져야 할 때라면, 부모가 미리 길게 채를 썰어서 준비해 두는 식이지요. 아직 손이 여물지 않은 아이들이라 어쩔 수 없이 실패의 과정을 겪게 되고, 그 속에서 스스로 문제를 해결해 나가기도 해요. 하지만 불필요한 실패를 경험하며 좌절감을 느끼게 하기보다는 사소하더라도 성취의 기쁨을 반복적으로 느끼며 자신감을 갖도록 하는 것이 무엇보다 중요해요.

여기에서 부모의 칭찬이 필요한데, 애매모호하고 무조건적인 칭찬보다는 구체적인 칭찬이어야 해요. 그저 습관적으로 나오는 칭찬은 아이들이 금방 눈치를 채거든요. 아이들의 행동이나 결과물에 대해 구체적으로 칭찬하면 아이는 자신감과 성취감을 느끼게 되고, 이후 더 발전된 단계의 학습으로 넘어갈 때 자신감의 밑거름이 될 것입니다.

요리하는 과정 자체를 즐겨요

엄마, 아빠와 함께 협력하여 어떤 결과물을 만들어 내는 것은 아이에게 너무나 뿌듯하고 기쁜 일이에요. 성취감과 자신감을 느낄 수 있어서이기도 하지만, 더 중요한 것은 함께하는 시간 그 자체, 그 가운데 나누는 이야기들이라고 생각해요. 조물조물 재료를 만지고 자르며 꾸미는 동안 아이는 끊임없이 이야기를 늘어놓아요. 학교생활에 대해, 친구들에 대해, 요즘 관심 있는 것들에 대해서 말이에요. 이 과정에서 생기는 엄마, 아빠와의 애착과 정서적인 만족감은 요리를 통해 얻을 수 있는 상상력 발달이나 지적 자극 그 이상입니다.

그런 의미에서 요리놀이를 시작할 때 요리에 대한 소개나 배경 설명은 최대한 짧게 해 주세요. 요리를 오븐에 굽거나 차갑게 식히는 동안 짬을 내서 이야기하듯 설명하고, 아이가 관심을 안 보이면 넘어가도 괜찮아요. 아이에게 유익한 정보를 주고 싶은 마음은 조금 내려놓고 아이와 함께 과정 자체를 즐기도록 노력해 보세요.

결과물에 대해 열린 마음을 가져 주세요

이 책은 유아부터 초등학생까지를 대상으로 하고 있어요. 요리의 난이도나 아이의 나이에 따라서 각기 다른 결과물이 나올 수 있고, 완성도 또한 달라질 수밖에 없어요. 때로는 아이가 본인만의 상상력으로 전혀 다른 결과물을 만들어 내기도 하고, 그것이 때로는 부모 눈에 만족스럽지 않게 보일 수도 있어요.

하지만 이 모든 것에 대해 열린 마음을 가졌으면 해요. 책에서 나온 다양한 요리는 하나의 아이디어일 뿐, 아이에게 다른 아이디어나 방법이 있다면 그대로 만들 수 있게 격려해 주세요. 그러는 가운데 아이의 창의력은 더욱 폭발하게 되고 성취감이 배가될 수 있어요.

저 역시 처음 계획했던 것을 딸아이가 제시하는 아이디어나 방법으로 많이 수정했는데, 그것들이 오히려 더 재미있고 좋은 경우가 많았어요. 아이들 머릿속은 어른들이 미처 상상해 내지 못한 아이디어로 가득하다는 것을 꼭 기억해 주세요. 그것들이 최대한 빛을 낼 수 있도록 기다리고 격려하는 자세가 필요하답니다.

준비하면 유용한
요리 도구들

앞치마

요리놀이를 할 때 앞치마는
필수입니다. 아이 몸에 맞는
아동용 앞치마로 준비하고,
양념이나 반죽 등이 많이 묻
을 수 있으니 세척이 쉬운
방수천 재질이면 더욱 좋아
요. 이때 미술용 앞치마와는
별도로 준비해 주세요.

안전칼

아이들이 사용할 칼은 반드시 아동용 안전칼
을 사용해 주세요. 안전칼은 양쪽 끝에 칼날
이 없고 톱니 모양의 날이라 주방용 칼보다
안전해요. 하지만 날이 있으니 사용에 주의
를 기울여야 합니다. 플라스틱 재질의 케이
크 칼을 사용해도 괜찮아요.

도마

안전칼로 채소를 자르거나 모양틀로 찍어 모
양을 낼 때 반드시 도마 위에서 합니다. 크고
무거운 도마보다는 플라스틱이나 가벼운 나
무 재질의 도마를 사용하는 게 좋아요.

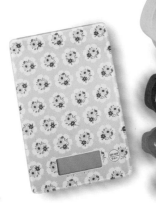

저울과 계량컵

저울이나 계량컵을 사용하면서 무게와 부피
에 대한 개념을 알게 됩니다. 저울은 눈금 저
울보다는 숫자로 표시되는 디지털 저울을 사
용하길 권해요.

깨지지 않는 그릇

재료를 담거나 계량을 할 때 무겁고 깨지기 쉬운 유리·도자기 재질의 그릇보다는 가벼운 플라스틱이나 법랑 재질의 그릇을 사용하도록 합니다. 아이들이 훨씬 더 편하고 안전하게 요리놀이를 즐길 수 있어요.

유산지컵

음식을 담을 때 유산지컵을 사용하면 서로 섞이지 않고 깔끔하게 담을 수 있어요. 그뿐 아니라 색깔이 알록달록한 유산지 컵은 그 자체로 장식의 효과가 좋답니다.

밀대

쿠키나 견과류를 가루로 만들거나 식빵을 얇게 밀 때 사용해요. 너무 두껍고 큰 것보다는 아이가 손에 쥐고 밀기 좋은 크기로 준비해 주세요.

체

가루나 반죽을 곱게 걸러 내리기 위해 필요해요. 퀴노아처럼 작고 가벼운 알갱이를 씻을 때도 유용해요. 슈가 파우더나 코코아 파우더처럼 입자가 고운 가루를 거를 때는 구멍이 촘촘한 체를 준비해 주세요.

핸드 믹서

생크림을 휘핑할 때 주로 사용합니다. 수동 거품기를 이용하는 것보다 시간이 절약되고 힘도 덜 들어요. 아이들이 다양한 도구를 경험해 볼 수 있다는 점에서도 추천해요.

모양틀

모양틀은 요리를 더욱 새미있고 다양하게 만들기 위해 필요해요. 아이들은 모양틀로 간단하면서도 빠르게 모양을 만드는 것에 큰 즐거움과 만족감을 느낀답니다. 주제나 재료에 맞게 사용할 수 있도록 다양한 모양으로 준비해 주세요.

데코픽

음식을 장식하는 데 사용합니다. 작은 데코픽 하나로 아이의 관심을 사로잡을 뿐 아니라 요리를 더욱 빛나게 할 수 있어요.

이쑤시개와 꼬치

이쑤시개와 꼬치는 요리놀이에 정말 많이 쓰이는 도구입니다. 원하는 그림이나 스티커를 붙여서 나만의 데코픽을 만들 수 있고, 재료를 줄줄이 꽂으면 색다른 모양으로 연출할 수 있어요. 김이나 검은깨로 장식할 때는 이쑤시개에 물을 살짝 묻혀서 옮기면 편해요.

소스통과 물약통

요리놀이할 때는 케첩, 마요네즈 같은 소스나 잼으로 음식을 장식할 때가 많아요. 보통의 소스통은 노즐 구멍이 커서 장식용으로 사용하기에 불편하니, 구멍이 작은 소스통을 별도로 구비하거나 아이들 물약통을 깨끗이 씻어서 사용합니다.

안전 규칙을
꼭 지켜 주세요

요리놀이에서 다른 무엇보다 신경 써야 할 것은 안전입니다. 아이가 평소 사용하지 않는 도구들이 호기심을 자극하기 때문에 안전사고가 일어날 수 있어요. 즐거운 놀이를 위해 안전 규칙을 정하여 붙여놓고, 함께 읽은 후 시작해 보세요.

◆ 아이가 사용할 수 있는 도구를 준비해요

요리놀이에서도 재료를 썰고 다지는 과정이 빠지지 않아요. 반드시 아동용 안전칼이나 플라스틱 칼을 준비하여 위험을 사전에 없애고 위험한 도구는 아이 손이 닿지 않는 곳에 옮겨 두세요.

◆ 위험한 손질이나 조리는 미리 마쳐 둡니다

딱딱한 재료는 아이가 썰다가 다칠 수 있으니 미리 썰어 두고, 딱딱하지 않더라도 잘게 다져야 하는 재료는 채를 썰어서 준비하면 편해요. 삶거나 데치는 것도 미리 해 두면 안전은 물론이고 기다리는 시간도 줄어서 좋아요.

◆ 불을 이용한 과정은 반드시 어른이 함께합니다

끓이고 볶는 등 열기구를 이용한 과정은 반드시 어른의 통제 아래 하도록 합니다. 조리 도중 뜨거운 냄비를 만지거나 불 가까이 다가가거나 주걱 등의 도구로 장난치지 않도록 지도해 주세요. 튀김 요리는 기름이 튀어서 델 수 있으니 어른이 직접 튀기는 게 좋아요.

◆ 요리의 시작과 끝은 청결입니다

시작하기 전에 손가락 사이사이와 손톱 밑까지 꼼꼼하게 손을 씻어 주세요. 앞치마를 입고, 긴 머리는 단정히 묶는 게 좋아요. 요리가 끝난 후에는 조리대와 도구를 깨끗이 정리합니다. 뒷정리까지 아이와 함께하면 청결 개념도 잡고 책임감도 키워 줄 수 있겠지요.

이 책의 활용법

재료

필요한 재료와 분량을 확인할 수 있어요. 인분/개수를 기준으로 한 최소 필요량이므로, 아이가 충분히 재료를 탐색하고 다양하게 요리를 시도할 수 있도록 충분히 준비하는 게 좋아요.

계량 기준

1큰술은 15cc=15mL=15g이며, 1작은술은 5cc=5mL=5g을 의미합니다. 계량스푼이 없다면 1큰술은 밥숟가락으로 깎아서 2개, 1작은술은 찻숟가락 1개로 대체해요. 1컵은 200mL이며, 계량컵이 없을 때는 일반 종이컵을 가득 채운 분량(195mL)으로 대체할 수 있어요.

팬케이크에 비타민 가득 실은

비타민 보트

재료 지름 8cm 4~5개 분량
박력분 100g
베이킹파우더 5g
우유 100mL
달걀 1알
설탕 20g
소금 약간(1꼬집)
녹인 버터 30g
샘크림 200g
딸기 5알
블루베리 15알
슬라이스 파인애플 2쪽
키위 2개
꿀 1개
식용유 약간

도구
깃발 이쑤시개
(이쑤시개에 삼각형 종이 붙어서)
핸드 믹서(휘핑용)
꼬치

① 볼에 달걀

③ 달군 프
닦아낸 ㄷ
서 구워요
TIP 포인

⑤ 팬케이
을 휘핑

도구

칼, 도마, 냄비 등 주방에 필수적으로 있는 도구 외에 준비할 것들이에요. 제시한 도구가 없을 때는 대체할 도구를 준비하거나 도구 없이 할 방법을 미리 생각하여 요리가 중단되지 않도록 합니다.

팬케이크 데이!? 팬케이크 먹는 날?
기독교에는 부활절이 되기까지 40일 동안 금식하며 예수의 수난을 묵상하는 사순절이 있어요. 우유, 달걀, 버터 등을 넣은 고열량 팬케이크로 사순절 금식을 준비하던 것에서 유래되어 사순절 전날 팬케이크를 먹는 '팬케이크 데이'가 생겼답니다. 그런데 크리스마스처럼 날짜가 정해져 있지 않아요. 해마다 부활절 날짜가 바뀌니, 팬케이크 데이도 날짜가 달라질 수밖에요!

도입글

완성 사진과 함께 요리를 제안하는 배경을 읽으며 요리에 대한 관심과 흥미를 불러일으켜요.

겨울을 맞아 바깥 활동이 적어진 우리 아이들에게 무슨 간식을 해 줄까 고민이라면, 비타민 가득한 팬케이크를 추천합니다. 보통은 시럽이나 꿀, 잼을 발라서 간단히 먹지만, 팬케이크에 새콤달콤한 과일을 얹어 먹으면 겨울철 부족하기 쉬운 비타민을 보충할 수 있어서 더욱 좋아요. 감기도 예방하고 에너지도 충전할 수 있는 겨울나기 간식이지요. 시중에 나온 핫케이크 가루를 사용하면 맛있고도 간편하게 만들 수 있으니 한번 도전해 보세요!

118

토막 상식

익숙한 요리나 식재료 속에 숨은 특별한 이야기를 소개해요. 음식이 어떻게 만들어졌고, 어떤 사람들이, 언제 즐겨 먹었는지, 어떻게 변해왔는지 유래를 알면 더 재밌고 유익한 놀이시간이 될 거랍니다. 공부하듯 익히기보다는 자연스럽게 이야기하도록 해요.

함께 들어요

QR코드를 찍으면 요리와 관계된 영어 동화나 영어 동요를 재생할 수 있어요. 스마트폰에 QR코드를 인식하는 애플리케이션을 깔아 주세요!

요리 과정

요리 전 과정을 사진으로 수록하고, 상세한 방법을 소개합니다. 기호에 따라 재료와 양념을 추가할 수 있으며, 아이가 원하는 모양으로 만들어 아이의 상상력과 창의력이 최대한 발현되도록 해 주세요.

미술놀이 소개

요리놀이에 대한 확장활동으로 미술놀이를 할 수 있어요. 미술놀이 주제에 대한 설명, 사용된 기법 소개, 활동의 의미 등을 읽고 미술놀이를 준비해 주세요.

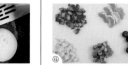

②에 우유를 붓고, 박력분과 베이킹파우더, 녹인 버터를 넣어서 잘 섞어요.

Tip 박력분과 베이킹파우더는 체로 곱게 쳐서 넣어요.

④ 딸기, 파인애플, 키위는 잘게 썰고, 귤은 한 조각씩 떼고, 블루베리는 알 그대로 준비합니다.

⑤에 각종 과일을 올리고 깃발 이쑤시개를 꽂아서 완성합니다.

119

달걀판 미니 보트

그냥 버리면 쓰레기가 되었을 달걀판이 보트로 변신했어요. 달걀판은 누구나 구하기 쉽고, 종이로 만들어져서 가위로 자르거나 물감을 칠하기도 좋아요. 작품의 완성도가 높아서 성취감까지 으뜸인 미술 재료이지요. 이런 재활용품을 활용한 미술놀이는 재활용품이 작품으로 변형되는 과정을 통해 아이들의 창의력과 문제해결 능력을 키워 줄 수 있고, 환경보호에 관심을 가지는 좋은 기회가 된답니다.

준비물 종이 달걀판(4구 또는 6구), 도화지, 색종이, 종이 빨대, 단추, 물감, 붓, 가위, 풀, 목공풀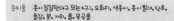

미술놀이 준비물

필요한 준비물을 읽고 빠짐없이 준비할 수 있도록 합니다.

① 달걀판은 뚜껑을 잘라내고, 물감으로 색칠해요.

② 색종이를 세모로 오린 다음, 종이 빨대에 붙여서 돛을 만들어요.

③ 파란색 계열 색종이를 길게 쭉쭉 찢어요.

③을 도화지에 볼록한 모양으로 붙여서 넘실대는 파도를 표현해요.

⑤이 다 마르면 돛을 달고 단추로 주변을 장식해서 완성해요.

Tip 작은 장난감 인형들을 태워서 놀아 보세요.

121

팁

요리가 제대로 완성되려면 알아야 할 정보, 안전상 숙지해야 할 사항, 대체할 수 있는 재료, 쉽게 할 수 있는 방법 등을 확인해 주세요.

미술놀이 과정과 팁

요리놀이를 엄마, 아빠와 함께했다면, 미술놀이는 아이가 주도적으로 할 수 있도록 놀이 과정을 함께 읽거나 알려주는 정도로 부모의 개입은 최소화해 주세요. 단, 칼을 이용한 과정은 꼭 함께하여 안전사고를 방지합니다.

차례

PART **1**

지금 당장 떠나는 세계여행

미술과 요리가 만났을 때

PART 2

PART 3
계절의 표정을 요리에 담아

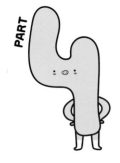

PART 4
재밌는 요리로 영어와 친해져요

특별한 날에 어울리는 특별한 요리

PART **5**

지금 당장 떠나는
세계여행

방패연 비빔밥

해외에 살다 보면 외국 친구들에게 우리나라 음식을 소개하는 기회가 종종 있어요. 우리 문화를 알리는 데 있어서 요리가 좋은 도구이기도 하고요. 그중에서도 가장 인기 있는 메뉴는 보기 좋고 맛도 좋고 영양까지 듬뿍 담긴 비빔밥! 요즘은 비빔밥이 헬시 푸드로 워낙 유명해져서 외국 사람들도 많이 알고 있답니다. 흔하고 평범한 비빔밥은 가라! 전통 놀이인 연날리기와 접목하여 방패연 모양의 이색적인 비빔밥을 만들어 보는 건 어떨까요?

재료 2인분

밥 300g (1공기는 약 200g)
소고기 300g
달걀 2알
붉은 파프리카 1/2개
당근 1/2개
애호박 1/2개
시금치 1줌
소면 약간 (스파게티면 가능)
소고기 양념
(간장 2큰술, 설탕 1큰술, 참기름 1큰술)

식용유, 소금 약간

도구
네모난 용기
둥근 모양틀

비빔밥의 예전 이름은?

밥에 온갖 채소와 소고기를 넣고 고추
장이나 간장 양념장으로 비벼 먹는 비
빔밥. 비빔밥의 옛 이름은 골동반으로,
'골동'은 '여러 가지 자질구레한 물건
을 한데 섞은 것', '반'은 '밥'을 뜻한답
니다. 비빔밥은 '꽃밥'이란 뜻의 '화반'
으로도 불렸어요. 잘 지어진 하얀 밥 위
에 알록달록 다양한 고명을 올린 모습
이 꽃처럼 예쁘니 딱 어울리는 이름이
지요.

① 당근, 파프리카는 잘게 다지고 호박은 채를 썰어서 각각 식용유에 볶고, 데친 시금치는 다져서 소금으로 간을 합니다.

Tip 재료는 미리 채를 썰어 준비하면 아이들이 쉽게 다질 수 있어요.

② 소고기는 갈아서 양념을 섞은 다음, 달군 프라이팬에 국물 없이 바짝 볶아요.

③ 네모난 용기에 밥을 담고, 그 위로 ①과 ② 의 재료를 가지런히 얹어서 덮어 주세요.

Tip 시금치와 파프리카는 조금 남겨 두세요.

④ 달걀은 흰자와 노른자를 따로 지단을 부쳐 서 준비한 다음, 흰자 지단을 방패연 모양 으로 잘라서 올려요.

⑤ 둥근 모양틀로 노른자 지단을 잘라서 올리 고, 그 위로 식용유에 살짝 튀긴 소면이나 스파게티면을 얹어서 방패연의 구멍과 살 을 표현합니다.

Tip 소면을 튀길 때는 어른이 함께합니다

⑥ 남은 시금치와 파프리카를 태극 문양으로 올려서 완성합니다.

소원을 담은 연

연은 종이에 댓가지(대나무 가지)를 붙이고 실을 매달아 공중에 날리는 민속놀이 도구입니다. 삼국시대부터 군사 목적으로 이용되던 것이 조선 시대에 이르러 놀이로 자리 잡게 되었다고 해요. 방패연, 가오리연 등 연의 모양이나 연에 붙이는 문양에 따라 종류가 다양하지요. 전통 연을 만드는 것도 좋지만, 오늘은 구름, 해파리, 오징어, 로켓 등 아이가 원하는 모양으로 만들어서 연 꼬리에 소원을 적어 날려 보도록 해요.

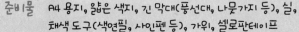
준비물 A4 용지, 얇은 색지, 긴 막대(풍선대, 나뭇가지 등), 실, 채색 도구(색연필, 사인펜 등), 가위, 셀로판테이프

① A4 용지에 아이가 원하는 모양을 그려서 오려 주세요.

② 색지를 길게 오려서 연 꼬리를 준비합니다.

③ ①의 뒷면에 ②의 꼬리를 붙여요.

④ 색색의 연 꼬리에 아이의 소원을 적도록 합니다.

⑤ 연에 구멍을 뚫어서 실을 묶은 다음, 긴 막대에 실의 반대편 끝을 묶어서 완성합니다.

새콤달콤 입맛을 사로잡는

하트 만두탕수

밀가루 반죽을 얇게 민 만두피에 다진 고기나 채소를 넣고 빚은 만두! 중국의 대표적인 음식 중 하나지만, 인도의 사모사, 폴란드의 피에로기, 이탈리아의 라비올리 등 이름부터 모양, 재료는 각기 달라도 만두와 비슷한 요리가 많답니다. 평소 잘 먹지 않는 재료라도 잘게 다져 넣어 먹일 수 있으니 아이들 영양에도 좋지요. 영양 만점 재료로 하트 모양의 만두를 만들고, 새콤달콤한 소스를 뿌려서 아이들 입맛을 사로잡아 볼까요?

① 돼지고기는 곱게 갈고, 삶은 당면, 대파, 양배추를 잘게 다져서 달걀과 함께 큰 그릇에 담고 잘 섞어요.

Tip 채소는 물기를 완전히 빼고 사용해요.

② ①을 잘 치댄 후 만두피에 1큰술 올려요.

③ ②를 다른 만두피로 덮고 큰 하트 모양틀로 모양을 낸 다음, 가장자리는 포크로 눌러 주세요.

④ 양파는 먹기 좋게 썰고, 당근과 파프리카는 작은 하트 모양틀로 모양내어 잘라요.

중국 사람들은 언제 만두를 먹나요?

우리가 설날에 무병과 풍요를 빌며 떡국을 먹는 것처럼 중국 사람들도 중국 설날인 춘절에 '지아오즈'라는 만두를 먹어요. 우리나라에도 전파되어 한반도 북부지방(북한)과 중부지방 일부에 설날 만두를 먹는 풍습이 있습니다. 중국에서는 초복 더위를 이기기 위해서도 만두를 먹는다고 해요. 우리가 복날 삼계탕을 먹는 것처럼 고기로 영양을 보충하는 것이지요.

⑤ 프라이팬에 식용유를 두르고 ④를 볶다가 어느 정도 익으면 간장 베이스를 넣고 끓인 다음, 전분물로 농도를 맞춰 줍니다.

Tip 간장 베이스는 설탕 3큰술, 식초 2큰술, 간장 1큰술에 물 2컵을 섞어서 준비해요.

⑥ ③을 식용유에 튀긴 다음 ⑤를 뿌려서 완성합니다.

줄줄이 용 연필꽂이

중국에서 예부터 성스럽게 여기는 4가지 동물은 용, 기린, 봉황, 거북입니다. 이 중에서 용은 가장 신성시했던 상상 속의 동물이지요. 중국의 한 문헌에 따르면, 낙타를 닮은 머리, 사슴뿔, 토끼 같은 눈, 소를 닮은 귀, 매의 발톱…, 입 주위에 긴 수염을 가진 화려한 형상으로 용이 묘사되었답니다. 중국 황제의 상징물이었으며 지금까지도 중국인들의 사랑을 받는 용! 휴지심을 이용해 용 모양의 연필꽂이를 만들어 볼까요?

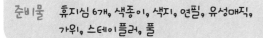
준비물 휴지심 6개, 색종이, 색지, 연필, 유성매직, 가위, 스테이플러, 풀

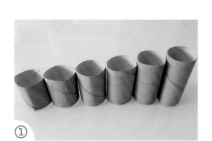
① 휴지심을 서로 다른 길이로 잘라 주세요.

② 색종이로 휴지심을 감싼 다음 풀로 붙여요.

③ 색지에 용 머리와 꼬리의 밑그림을 그려 줍니다.

④ 가위로 오린 다음 매직으로 꾸며요.

⑤ ②를 스테이플러로 이어서 긴 몸통을 만들어요. 이때 휴지심 길이순으로 연결합니다.

⑥ 몸통에 머리와 꼬리를 붙여서 완성합니다.

29

오이롤 꽃초밥

일본의 대표 음식인 초밥은 식초로 간을 한 밥에 얇게 저민 생선이나 고기, 김, 채소, 달걀 등을 올려 먹는 음식입니다. 세계적으로 사랑받는 음식이지만, 아이들에게 날생선으로 만든 초밥을 주는 건 왠지 꺼려지지요. 생선 대신에 유부나 달걀, 익힌 새우로 만든 초밥을 주로 먹이는데, 오이로도 아이들이 좋아하는 초밥을 만들 수 있어요. 상큼하고 아삭한 오이를 돌돌 말아서 재료를 올리면 꽃처럼 예쁜 초밥이 만들어진답니다.

재료 8개 분량

밥 200g(약 1공기)
오이 1개
당근 1/2개
슬라이스 치즈 1장
맛살 2줄
마요네즈 약간
배합초 2큰술
(식초:설탕:소금=3:2:1로 섞기)

도구
필러
모양틀 (꽃, 원형)

① 오이는 깨끗이 씻어서 필러로 얇게 저며요.

Tip 채소 껍질을 벗기는 데 사용하는 필러는 아이들이 다루기 위험하니 어른이 해 주세요.

② 고슬고슬하게 지은 밥에 준비한 배합초를 2큰술 넣고 버무려서 준비합니다.

Tip 배합초는 식초, 설탕, 소금을 3:2:1 비율로 넣고 전자레인지에 살짝 돌리면 편해요.

③ ②를 한입 크기로 뭉친 다음, 오이를 말아 주세요.

Tip 오이를 배합초에 살짝 담가서 사용하면 더욱 맛있어요.

④ 맛살은 4~5cm 길이로 자르고 잘게 찢은 다음, 마요네즈를 섞어서 ③ 위에 올려요.

초밥에 왜 식초를 섞나요?

식초는 요리에 상큼한 맛을 더할 뿐 아니라 살균 소독으로 세균 번식을 억제하는 효과까지 있어요. 음식을 좀 더 오래 보관하기 위해 초밥에 식초를 넣는 것이지요. 매운맛이 나는 고추냉이도 초밥에 주로 넣는데 이것도 역시 살균 소독 효과 때문이에요. 날생선 등 재료에 혹시 남아 있을 세균이나 기생충을 강력한 살균력이 있는 고추냉이가 없애 준답니다.

⑤ 얇게 자른 당근과 슬라이스 치즈를 모양틀로 찍어서 꽃 모양을 만들어요.

⑥ ⑤를 ④ 위에 올려서 완성합니다.

골판지 모듬 초밥

하얀 밥 위에 다양한 재료를 얹어서 모듬 초밥을 만들고 싶지만, 요리놀이로 직접 하기엔 한계가 있을 수밖에 없어요. 이럴 때 필요한 게 바로 미술놀이! 띠처럼 길게 자른 띠골판지를 돌돌 말면 아주 멋지게 입체감을 표현할 수 있고, 다양한 색으로 속재료를 넣으면 꽤 근사한 초밥이 만들어진답니다. 띠골판지를 동그랗게 말아서 손가락으로 누르면, 타원형, 사각형 등 다양한 도형으로 변신할 수 있어서 도형 놀이로도 좋아요.

준비물 **띠골판지, 가위, 양면테이프 또는 딱풀**

① 여러 색의 띠골판지를 작고 동그랗게 말고 양면테이프로 붙여서 초밥 속을 준비해요.

② ①을 여러 개 모은 다음, 검은색 띠골판지로 감싸서 붙여요.

③ 하얀색 띠골판지로 ②를 두껍게 만 다음, 검은색 띠골판지로 다시 감싸서 붙여요.

④ 초밥 속을 크고 네모나게 하나만 넣은 모양으로도 만들어요.

⑤ 흰색과 유색의 띠골판지를 타원형 모양으로 말아서 붙여요.

⑥ ⑤의 흰색 위에 유색을 얹은 다음, 검은색 띠골판지로 위아래를 감싸서 완성합니다.

Tip 검은색은 반으로 잘라서 사용합니다.

우정의 카레라이스

인도

맛뿐 아니라 영양까지 좋아 아이들도 좋아하는 카레. 인도에서 카레가 발달한 이유는 바로 '더위' 때문이에요. 더위로 잃어버리기 쉬운 식욕을 유지하고, 더위에 식품이 썩는 것을 막기 위해 여러 향신료를 섞어 만든 음식이 카레랍니다. 인도식 카레는 영국과 일본을 거치며 카레라이스 형태로 자리 잡았어요. 평소엔 별다른 모양 없이 밥에 카레를 끼얹어 냈다면, 사람 모양틀로 밥을 빚어서 색다르게 즐겨 보아요.

재료 2인분

밥 300g (1공기는 약 200g)
닭고기 200g
감자 1/2개
당근 1/2개
양파 1/2개
애호박 1/4개
카레 40g (가루 또는 고형)
슬라이스 치즈 4장 (흰색, 노란색 2장씩)
케첩, 검은깨, 김 약간
식용유, 소금, 후추 약간

도구
사람 모양틀

① 감자와 당근, 양파, 애호박은 깍둑썰기로 준비하고, 닭고기는 먹기 좋은 크기로 썰어서 소금과 후추로 양념해요.

② 달군 프라이팬에 식용유를 두르고 ①을 볶다가 물을 2컵 정도 부어서 끓여요.

③ ②의 재료가 어느 정도 익으면 카레 가루를 넣어 잘 풀어 준 후 계속 끓여요.

④ 사람 모양틀에 밥을 넣어 모양을 만들어요.

Tip 모양틀에 참기름을 살짝 바르면 밥을 쉽게 분리할 수 있어요.

인도엔 카레가 없다?!

인도에 카레가 없다니, 무슨 말일까요? 인도 현지에서는 카레를 '까리'로 불러요. 카레 가루도 따로 없이 여러 향신료를 취향대로 섞어서 끓인 국물 요리를 두루 말한답니다. 1700년대 인도를 지배한 영국인들이 노란 국물을 '커리'로 불렀고, 1800년대 영국 해군을 통해 접하게 된 일본인들이 '커리'를 '카레'로 발음하면서 '카레'라는 이름이 만들어졌답니다.

⑤ 사람 모양틀로 슬라이스 치즈를 찍어서 옷을 만들어요.

⑥ 그릇에 카레와 밥을 담은 다음, 슬라이스 치즈와 검은깨, 케첩, 김 등으로 사람 모양을 꾸며서 완성합니다.

Tip 물을 살짝 묻힌 이쑤시개로 검은깨나 김을 붙이면 편해요.

세계의 전통의상

나라마다 기후나 종교, 문화, 생활양식 등에 따라 전통의상이 달라요. 더운 나라는 얇고 통풍이 잘되는 소재로 만들고, 추운 나라는 두껍고 털이 있는 소재를 사용하지요. 이슬람국 여성들은 얼굴과 몸을 가리는 옷을 입고, 어떤 가치를 숭상하느냐에 따라서도 즐겨 입는 옷이 달라져요. 한복, 치파오, 기모노, 아오자이, 사리 등 이름도 각기 다르답니다. 세계 여러 나라의 옷을 그림으로 표현하면서 세계의 친구들을 만나 볼까요?

준비물 A4 용지, 색지, 연필, 채색 도구(색연필, 사인펜 등), 가위, 풀

① A4 용지를 계단접기로 4등분하여 접어요.

Tip 접은 모양을 옆에서 볼 때 'M'자가 됩니다.

② 사람 모양을 그려요. 이때 양옆 모서리에 손이 닿도록 합니다.

③ 스케치한 선대로 잘라서 펼치면 줄줄이 손 잡은 모습으로 만들어져요.

④ 색지에 붙인 다음, 다양한 나라의 전통의상을 그려 넣어요.

Tip 책, 인터넷을 통해 아이가 알거나 관심 있는 나라의 전통의상을 먼저 알아보세요.

⑤ 얼굴색도 다양하게 표현하고, 옷도 알록달록 색칠하여 완성합니다.

작은 컵 안에서 만나는 베트남

쌀국수 컵샐러드

쌀국수는 중국 남부부터 베트남, 태국 등 동남아시아까지 널리 퍼진 요리지만, 그중 베트남 쌀국수가 우리에게 가장 잘 알려져 있습니다. 밀가루로 만든 국수보다 소화가 잘 되고 영양 측면에서도 우수하여 아이들 먹이기에 좋지요. 지금까지는 고기로 낸 육수에 고기 고명을 얹어 낸 것을 주로 먹었다면, 이번엔 만드는 재미와 먹는 재미를 한 번에 느낄 수 있도록 쌀국수에 아삭한 채소를 곁들여 샐러드처럼 만들어 볼까요?

재료 1그릇 분량

쌀국수 100g
칵테일 새우 5마리
파프리카 1/4개
오이 1/2개
방울토마토 3~4개
샐러드 채소 1줌
피시 소스 1큰술
(멸치액젓으로 대체 가능)
설탕 2큰술
레몬즙 3큰술

도구
샐러드 컵

① 파프리카, 오이는 손질하여 길게 채썰고, 샐러드 채소는 씻어서 물기를 제거합니다.

② 쌀국수는 삶아서 찬물에 헹구고, 칵테일 새우는 삶아서 반으로 갈라요.

Tip 새우를 삶을 때 레몬 껍질이나 레몬즙을 넣어서 비린내를 없애 주세요.

③ 피시 소스 1큰술, 레몬즙 3큰술, 설탕 2큰술을 섞은 다음, 파프리카와 오이를 절반만 잘게 썰어 넣어 샐러드 소스를 만들어요.

④ 샐러드 컵에 샐러드 채소, 파프리카, 오이와 쌀국수를 차례로 담고, 칵테일 새우를 빙 둘러 얹어요.

프랑스 입맛에 맞췄다고요?

쌀국수는 19세기 말 베트남이 프랑스의 지배를 받던 시절, 베트남 북부 지방의 항구 노동자들이 끼니를 간단히 때우던 음식이었어요. 당시 가난한 노동자들은 채소와 값싼 해산물만 넣어 먹었는데, 프랑스인 지주가 소고기를 넣어서 먹은 것이 오늘날 우리가 많이 먹는 소고기 쌀국수가 되었답니다. 베트남 대표 음식이 프랑스 사람의 입맛에 맞췄다고 하니 재미있고도 서글프지요.

⑤ 방울토마토에 칼집을 넣어 꽃 모양을 내고, 오이를 잎 모양으로 잘라서 준비합니다.

⑥ 샐러드 컵 가운데 방울토마토와 오이를 얹고 ③의 소스를 곁들여 냅니다.

베트남 레스토랑 메뉴판

쌀국수 말고도 아이들이 좋아하는 베트남 요리는 정말 많아요. 먹는 재미까지 있는 월남쌈, 베트남식 튀김 만두인 스프링롤, 파인애플을 넣고 달콤하게 볶은 파인애플 볶음밥 등 생각만 해도 군침 도는 요리들이 가득하답니다. 이런 베트남 요리들을 한데 모아서 메뉴판을 만들고, 아이들과 함께 재밌는 레스토랑 놀이도 해 볼까요? 아이가 한글을 깨치지 않았거나 쓰기가 아직 서툴다면, 음식 사진을 붙여 보세요!

준비물 색지(빨강, 노랑), A4 용지, 하얀색 털실, 나무 꼬치, 사인펜, 가위, 풀, 목공풀

① 노란 색지에 쌀국수 그릇을 스케치하여 오려 주세요.

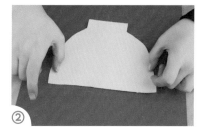

② 빨간 색지를 반으로 접어 책 형태의 메뉴판을 만들고, 겉면에 노란 그릇을 붙여요.

③ 그릇 위로 하얀 털실을 돌돌 말아 붙여서 국수를 표현합니다.

④ 나무 꼬치를 국수 위에 목공풀로 붙여요.

⑤ 색종이로 고명을 만들어 털실 위에 붙이고, 사인펜으로 가게 이름을 적어서 꾸며요.

⑥ A4 용지를 잘라 메뉴판 안쪽에 붙인 다음, 메뉴 이름과 가격을 적어서 완성합니다.

39

프랑스 가정식에 도전한다!

장미 모양 라따뚜이

애니메이션 〈라따뚜이〉에는 프랑스의 어느 최고급 레스토랑 주방에서 생쥐가 열심히 요리하는 장면이 나와요. 생쥐가 내놓은 음식은 영화 제목과 같은 라따뚜이! 라따뚜이는 프랑스 남부 지방의 전통 가정식으로 토마토, 가지, 호박 등 갖은 채소에 올리브 오일과 허브를 넣고 뭉근하게 끓여서 만든 스튜입니다. 재료는 소박해도 건강에는 최고인 음식이지요. 우리는 좀 더 독특하게 파이로 만들 거랍니다.

재료 6개 분량

토마토 1개

가지 1/2개

주키니 호박 1/2개
(애호박으로 대체 가능)

파이 생지 200g(냉동 생지)

토마토소스 4큰술

치즈 가루 약간

도구

머핀틀

① 토마토, 호박, 가지를 반달 모양으로 얇게 썰어서 준비합니다.

Tip 채소를 얇게 자르는 것은 어른이 도와주세요.

② 파이 생지를 길게 자른 다음, 토마토소스를 발라요.

③ 토마토소스 위로 준비한 채소를 번갈아서 겹쳐 놓아요.

④ 파이 아랫부분을 들어 올려서 채소를 덮고 돌돌 말아요.

가난한 농부들의 음식

라따뚜이는 원래 프랑스 남부의 가난한 농부들이 자투리 채소로 만들어 먹던 음식이었어요. 20세기 들어 프랑스 전역으로 전파되었고, 제2차 세계대전 이후 다른 나라로 퍼져나갔지요. 반찬처럼 곁들이거나 빵에 올려 잼처럼 먹기도 하고, 라따뚜이 한 가지로 간단히 끼니를 해결할 수도 있답니다. 특별한 재료가 없어도 누구나 쉽게 만들 수 있어 더욱 최고!

⑤ 머핀틀에 넣고 180℃로 예열한 오븐에 15분간 노릇하게 구워 줍니다.

Tip 오븐이 없으면 에어프라이어를 이용하고, 조리 환경에 따라 시간을 가감합니다.

⑥ 구운 라따뚜이 위에 치즈 가루를 뿌려서 완성합니다.

에펠탑 불꽃놀이

파리에서 무조건 봐야 하는 건 단연 에펠탑! 하지만 1889년 개관 당시엔 많은 비난을 받았어요. 당시 유명한 소설가인 모파상은 에펠탑이 유일하게 보이지 않는 에펠탑 레스토랑에서만 밥을 먹었다나요? 해체 위기를 넘어 지금은 전 세계인의 사랑을 받고 있답니다. 언제 봐도 아름답지만, 불꽃놀이할 때가 최고! 검은 도화지에 빨대를 붙여 에펠탑을 만들고 불꽃놀이를 표현하여 에펠탑의 황홀한 야경 속으로 떠나 볼까요?

준비물 에펠탑 야경 사진, 검은 도화지, 빨대, 연필, 채색 도구(크레파스, 파스텔), 가위, 목공풀 혹은 글루건

① 에펠탑의 야경 사진을 보고 검은 도화지에 밑그림을 그려요.

② 밑그림 위에 빨대를 잘라 붙여서 에펠탑을 만들어요.

③ 크레파스나 색연필로 다양한 색의 불꽃을 표현합니다.

④ 에펠탑 불빛을 파스텔로 표현하여 완성합니다.

Tip 파스텔로 칠한 다음 휴지로 문질러 주면, 부드럽고 은은한 색감으로 표현할 수 있어요.

43

이런 피자 처음이야!

무당벌레 피자

아이들 생일파티에 빠지지 않는 메뉴는 피자 아닐까요? 어떤 토핑이 올라가느냐에 따라 종류도 매우 다양하지요. 토마토소스를 바르는 현대식 피자는 이탈리아 나폴리 지방에서 시작되었고, 나폴리 피자 중에서도 마르게리타 피자가 단연 인기 있는 피자랍니다. 마르게리타 피자는 보통 토마토소스와 모차렐라 치즈, 바질잎을 사용하는데, 우리는 바질잎 위에 방울토마토를 올려 무당벌레처럼 만들어 보도록 해요!

44

재료 1개 분량

토르티야 1장
모차렐라 치즈 150g
방울토마토 3~4개
생바질잎 4~5장
(시금치 등 초록 채소로 대체 가능)
토마토소스 2큰술
발사믹 글레이즈 약간
(초코펜으로 대체 가능)

도구

이쑤시개

① 모차렐라 치즈를 준비합니다.

② 토르티야 위에 토마토소스를 골고루 펴서 발라 주세요.

③ ②에 모차렐라 치즈를 올려서 200℃로 예열한 오븐에서 15~20분 구워 줍니다.

Tip 오븐이 없으면 에어프라이어를 이용하고, 조리 환경에 따라 시간을 가감합니다.

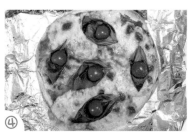

④ 구운 피자 위에 생바질잎과 반으로 자른 토마토를 군데군데 올려요.

마르게리타 여왕이 좋아한 피자

1889년 이탈리아의 국왕 움베르토 1세는 왕비인 마르게리타와 함께 나폴리에 방문해 몬테 왕궁에 머물렀어요. 당시 최고의 요리사인 에스포시토가 왕비에게 경의를 표하기 위해 이탈리아 국기의 3가지 색(초록색의 바질, 흰색의 치즈, 빨간색의 토마토)을 올려 피자를 바쳤어요. 마르게리타 왕비가 이 피자를 너무 마음 들어 하면서 마르게리타 피자로 불리게 되었답니다.

⑤ 이쑤시개로 발사믹 글레이즈를 찍어서 무당벌레 머리와 무늬를 표현합니다.

Tip 발사믹 글레이즈가 없으면 발사믹 식초와 꿀 또는 올리고당을 3:1 비율로 섞어서 중약불로 절반이 될 때까지 졸이면 됩니다.

피자 배달 왔어요~

무당벌레 피자를 만들었으니 이번엔 나만의 피자 박스를 한번 만들어 볼까요? 피자 가게 주인이 되어 가게 이름도 정해 보고, 요리사 에스포시토가 마르게리타 왕비를 위해 마르게리타 피자를 만들었던 것처럼 사랑하는 가족을 위해 세상에서 단 하나뿐인 특별한 피자로 꾸며도 좋아요. 인쇄 안 된 무지 박스는 포장 용기 파는 곳에서 구매하거나 배달 온 피자 박스에 종이를 붙여서 사용하면 된답니다.

준비물 무지 피자 박스, 색지, 색종이, 유성매직, 가위, 풀

① 미색 색지를 동그랗게 오려 피자 도우를 만들어요.

② ①위에 빨간 색지를 울퉁불퉁하게 잘라 붙여서 토마토소스를 표현합니다.

③ ②에서 피자 조각 모양을 하나 잘라 낸 다음, 피자 박스에 붙여요.

④ 색종이로 피자 토핑을 다양하게 만들어 붙여 주세요.

⑤ 매직으로 피자가게 이름을 적어 넣어 완성합니다.

문어 핫도그

미국

파티 문화가 발달한 미국에서는 크리스마스, 독립기념일 같은 특별한 날이 아니어도 가족이나 친구들과 가볍게 파티를 여는 모습을 자주 볼 수 있어요. 화려한 장식이 없어도, 음식을 거창하게 차려 내지 않아도 몇 명만 모이면 신나는 파티가 시작된답니다. 이때 빠지지 않는 단골 메뉴는 다름 아닌 핫도그! 핫도그 하나로도 얼마든지 멋진 파티를 준비할 수 있어요. 이번 주말엔 아이들과 함께 핫도그를 만들어 소박한 파티를 열어 볼까요?

재료 2개 분량

핫도그빵 2개
소시지 2~3개
상추 2장
양파 1/4개
슬라이스 치즈 1장
검은깨 약간
케첩 약간
식용유 약간

도구
둥근 모양틀(빨대로 대체 가능)
이쑤시개

① 소시지를 3~4cm 길이로 자르고 한쪽 끝을 8갈래로 칼집 내어 문어를 표현합니다.

Tip 비엔나소시지를 이용해도 좋아요.

② 끓은 물에 ①을 데쳐서 짠맛을 줄여 주세요.

핫도그? 뜨거운 개라고?

한국식 핫도그는 꼬치에 소시지를 꽂고 밀가루 반죽과 빵가루를 입혀 튀긴 것이지만, 미국식 핫도그는 긴 빵을 반으로 갈라서 소시지를 끼운 것이에요. 핫도그라는 이름이 생겨난 사연이 독특해요. 미국의 한 상인이 허리가 길고 다리가 짧은 닥스훈트 강아지를 닮은 모습을 빗대어 '레드핫 닥스훈트 소시지'로 소개하며 팔았대요. 한 만화가가 닥스훈트 철자가 생각나지 않아 얼떨결에 '핫도그'로 썼는데, 그것이 굳어져 사전에 등재된 명사가 되었답니다.

③ 모양틀로 슬라이스 치즈를 동그랗게 모양 내고 검은깨를 위에 올린 다음, 소시지에 붙여서 문어 눈을 만들어요.

Tip 물을 살짝 묻힌 이쑤시개로 검은깨를 붙이면 편해요.

④ 프라이팬에 식용유를 두르고 얇게 채썬 양파를 볶아요.

⑤ 핫도그빵에 상추→양파 볶음→문어 소시지 순으로 올려 줍니다.

⑥ ⑤에 케첩을 뿌려서 완성합니다.

Tip 기호에 따라 케첩 대신 머스터드 소스를 뿌려도 좋아요.

자유의 여신상이 있는 야경

뉴욕에 있는 자유의 여신상은 자유, 민주주의, 인권, 기회의 상징물로, 1984년에 유네스코 세계유산으로 지정되었어요. 횃불은 '세계를 비추는 자유의 빛'을 상징하고, 책은 독립선언서로 미국이 영국으로부터 독립한 '1776년 7월 4일'이 새겨져 있어요. 왕관에 가시처럼 돋은 뿔은 7개 대륙과 7개 바다를 나타낸다고 해요. 물감을 노랑에서 빨강까지 색이 점차 변화하도록 칠하여 노을 지는 풍경 속의 자유의 여신상을 표현해 볼까요?

준비물　자유의 여신상 실루엣 프린트, 검은 도화지, A4 용지, 연필, 물감, 붓, 크레파스, 마스킹테이프, 가위, 풀

① 자유의 여신상 실루엣을 프린트하여 오려 주세요.

Tip 인터넷에서 '자유의 여신상 실루엣'을 검색하면 쉽게 찾을 수 있어요.

② 검은 도화지에 빌딩 스카이라인을 스케치하여 오려요.

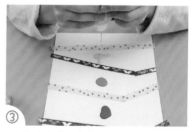

③ A4 용지에 마스킹테이프를 붙여서 칸을 나눈 다음, 칸마다 물감을 짜요.

Tip 물감 색이 위로 갈수록 진해지게 해요.

④ 물감을 넓은 붓으로 펴 발라서 노을 지는 풍경을 표현합니다.

Tip 붓을 헹구지 않고 한 방향으로 칠하여 물감이 자연스럽게 섞이도록 합니다.

⑤ 물감이 다 마르면 마스킹테이프를 떼어 주세요.

⑥ ⑤에 ①과 ②를 붙인 다음 크레파스나 색연필로 꾸며 완성합니다.

49

멕시코와 한국의 맛있는 만남

곰돌이 불고기 타코

멕시코

타코는 밀가루나 옥수숫가루를 반죽해 얇게 구운 토르티야에 여러 가지 재료를 올려 쌈처럼 먹는 멕시코 전통요리입니다. 멕시코 사람들은 매콤한 소스를 주로 곁들여 먹는다고 해요. 우리는 아이들 입맛에 맞게 불고기를 넣어서 귀여운 곰돌이 모양으로 만들어 볼게요. 처음엔 귀여워서 못 먹겠다고 하다가 한번 맛보면 순식간에 먹어 치운답니다. 맛있는 타코와 함께 멀고도 낯선 땅 멕시코로 떠나 볼까요?

재료 4개 분량

소고기 200g (불고기감)
토르티야 4장
토마토 1개
양상추 1/4개
양파 1/2개
토핑용 치즈 약간
슬라이스 치즈 1장
캔 옥수수 1/2컵
불고기 양념
(간장 2큰술, 설탕 1큰술, 참기름 1큰술,
소금, 후추 약간)
김, 케첩 약간

도구

이쑤시개
둥근 모양틀

멕시코의 주식은 토르티야

멕시코의 주식은 옥수수로 만든 토르티야입니다. 토르티야에 어떤 재료를 넣고 어떻게 조리하는지에 따라 타코, 브리토, 케사디아, 엔칠라다 등 다양해요. 영화관에서 자주 먹는 나초는 토르티야를 튀겨서 만든 것이 시작이었답니다. 멕시코 요리에 빠지지 않는 또 하나의 재료는 고추! 멕시코 사람들은 아이스크림에도 고춧가루를 뿌려 먹을 만큼 매운맛을 좋아한대요!

① 토마토, 양파, 양상추를 잘게 썰고, 캔 옥수수는 물기를 빼서 준비해요.

Tip 양파는 찬물에 담그거나 살짝 볶아서 매운맛을 없애 주세요.

② 소고기는 잘게 썰고 불고기 양념을 하여 프라이팬에 국물 없이 바짝 볶아요.

③ 토르티야를 반으로 접어 곰돌이 모양으로 오린 다음, 프라이팬에 기름을 두르지 않고 살짝 구워요.

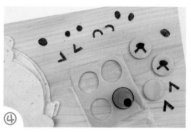

④ 슬라이스 치즈는 모양틀로 찍고, 김은 가위로 오려서 곰돌이 눈과 코를 준비합니다.

Tip 물을 살짝 묻힌 이쑤시개로 김을 올리면 편해요.

⑤ 구운 토르티야의 반쪽에 ①, ②를 올린 다음, 토핑용 치즈를 얹어요.

⑥ 토르티야를 덮은 다음, 곰돌이 눈과 코를 올리고 케첩으로 꾸며서 완성합니다.

Tip 눈과 코를 붙일 때 마요네즈를 살짝 바르면 쉽게 붙일 수 있어요.

멕시코 스타일로 변신!

'멕시코' 하면 콧수염 난 아저씨가 챙이 넓고 끝이 말려 올라간 모자, 솜브레로를 쓰고 악기를 연주하는 모습이 떠오릅니다. 네모난 천에 구멍을 뚫어 머리가 들어가도록 한 판초도 멕시코에서 시작되었다고 해요. 멕시코 국기의 색인 빨강, 하양, 초록을 비롯하여 파랑, 주황 같은 여러 가지 색을 넣어 정말 알록달록하고 예쁘답니다. 인터넷이나 책으로 멕시코 사람들의 의상을 살펴본 다음, 우리도 멕시코 스타일로 변신해 보아요!

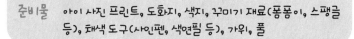

준비물 아이 사진 프린트, 도화지, 색지, 꾸미기 재료(폼폼이, 스팽글 등), 채색 도구(사인펜, 색연필 등), 가위, 풀

① 아이 사진을 얼굴이 크게 나오도록 프린트한 다음, 얼굴만 오려서 도화지에 붙여요.

② 색지를 멕시코 모자 모양으로 오려 붙여요.

③ 사인펜과 폼폼이 등 꾸미기 재료를 이용하여 모자를 꾸며 줍니다.

④ 마찬가지로 색지를 오리고 무늬를 그려서 옷이나 망토를 표현해 주세요.

⑤ 손, 콧수염, 마라카스 등을 그려 넣어서 완성합니다.

53

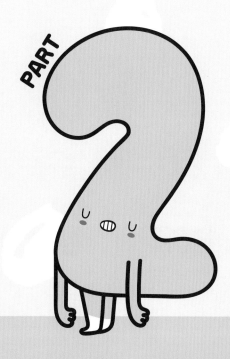

미술과 요리가
만났을 때

무서운 장승이 달콤한 옷을 입고 나타났다!

장승 초코 바나나

용인 한국민속촌에 가면 사람 얼굴을 새긴 나무 기둥을 볼 수 있어요. '장승'이라 불리는 것인데, 삼국시대부터 있던 목재 신상(신의 형상을 나타낸 조각)이 전해 내려와 조선 시대에는 마을 입구마다 있었다고 해요. 마을의 이정표가 되기도 하고, 질병과 잡귀로부터 사람을 보호해 주는 수호신의 의미도 있고, 소원을 비는 신앙의 대상이기도 했답니다. 아이들 눈에 무서워 보일 수 있는 장승을 바나나로 만들며 친근하게 접해 볼까요?

재료 2개 분량

바나나 **2개**
밀크 코팅 초콜릿 **300g**
초콜릿 막대 과자 **1개**
원형 비스킷 **1개**
원통형 과자 **1개**
알 초콜릿 **4알**
초코펜(화이트/블랙)

도구

꼬치

① 바나나는 양쪽 끝을 잘라요. 이때 길이를 각각 다르게 해요.

Tip 바나나가 너무 많이 익으면 부러질 수 있으니 약간 단단한 것을 사용해요.

② 바나나 껍질을 벗기고 꼬치를 꽂아요.

③ 밀크 초콜릿을 중탕으로 녹여 주세요.

Tip 초콜릿을 중탕할 때는 뜨거운 물이 담긴 큰 그릇에 초콜릿이 담긴 그릇을 넣고 잘 저어 주면 됩니다.

④ ③의 초콜릿을 바나나에 발라 줍니다. 이때 아래쪽은 조금 남겨 주세요.

화이트 초콜릿은 어떻게 만들어질까?

초콜릿은 카카오나무 열매인 카카오콩이 주원료예요. 카카오콩을 갈면 까맣고 쓴 카카오 매스가 나오고, 카카오 매스를 압착하면 상아색 카카오 버터가 만들어져요. 초콜릿은 카카오 매스, 카카오 버터, 설탕 등으로 만드는데, 카카오 매스가 많으면 다크 초콜릿, 우유를 넣으면 밀크 초콜릿, 카카오 매스 없이 카카오 버터와 설탕, 우유를 넣으면 화이트 초콜릿이 만들어진답니다.

⑤ 원통형 과자를 원형 비스킷 위에 붙여서 갓을 만들고, 알 초코릿과 초코펜으로 장승의 눈을 준비합니다.

Tip 원통형 과자에 ③을 살짝 묻혀서 원형 비스킷 위에 올리면 붙어요.

⑥ 갓과 눈을 붙이고 막대 과자를 꽂아 관모 깃을 만들어요. 마지막으로 코, 입을 초코펜으로 표현하여 완성합니다.

Tip 바나나에 입힌 초콜릿이 굳지 않은 상태에서는 초코펜이 번질 수 있어요.

휴지심 꼬마 장승

왕방울 같은 눈에 커다란 주먹코를 하고, 두툼한 입술을 굳게 다물거나 이빨이 모두 드러나게 입을 벌리고 있는 우락부락한 얼굴의 장승. 팔다리 없는 몸통에 남자 장승은 관모(관복이나 예복을 입을 때 망건 위에 쓰던 모자)를 쓰고, 여자 장승은 비녀를 꽂는답니다. 전통 장승이 나무나 돌을 이용해 만들었다면, 우리는 쓰고 남은 휴지심을 이용해 꼬마 장승을 만들어 보기로 해요.

준비물 휴지심, 색종이, 골판지, 유성매직, 가위, 풀, 양면테이프

① 색종이를 휴지심의 높이에 맞게 자른 다음, 감싸서 풀로 붙여요.

② 골판지를 관모 높이로 잘라요.

③ ① 윗부분에 말아서 양면테이프로 붙여요.

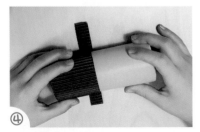

④ 골판지를 얇게 잘라 붙여서 관모의 깃을 표현합니다.

⑤ 매직으로 장승의 표정을 그려서 완성합니다. 색종이를 오려 붙여도 좋아요!

새콤달콤 열기구 케이크

언젠가 형형색색의 열기구들이 하늘에 떠 있는 사진을 본 적이 있어요. 터키의 카파도키아란 곳이었는데 그 광경이 정말 인상적이었습니다. 공기를 가열하여 커다란 열기구를 띄우니 신기하기도 하지요. 책이나 만화에서도 종종 볼 수 있지만, 열기구를 타는 일이 현실에선 쉽지 않아요. 하지만 요리를 통해서라면 그 어떤 것도 가능하답니다. 새콤달콤한 과일 풍선들이 가득한 열기구 여행을 상상해 보세요. 너무나 신날 것 같지 않나요?

재료 2~3인분

스펀지케이크 400g
(카스텔라 가능, 용기에 맞춰 분량 조절)

생크림 500g
설탕 50g
키위 1개
망고 1/2개
라즈베리, 블루베리 약간
파란색 식용색소

도구

네모난 투명 용기
이쑤시개
화채 스쿱(작은 숟가락 가능)
핸드 믹서(휘핑용)

무지개 케이크의 비밀

알록달록 무지개 케이크를 본 적 있나
요? 하얀 밀가루로 무지개색 케이크를
만들 수 있는 이유는 바로 식용색소 때
문이에요. 식용색소는 음식에 물들이는
데 쓰이는 첨가물로, 우리가 자주 마시
는 음료수나 사탕, 빵, 초콜릿 등 다양한
음식에 사용되고 있어요. 아이들의 흥
미를 돋울 수 있어서 요리놀이할 때도
좋지만, 인공색소의 경우 다량 섭취하
면 몸에 좋지 않다는 것 잊지 마세요!

① 키위와 망고를 작은 숟가락이나 화채 스쿱
으로 동그랗게 떠내고, 블루베리와 라즈베
리는 깨끗이 씻어서 준비해요.

Tip 메론, 수박 등 다양한 과일을 사용할 수 있
어요.

② 생크림에 설탕을 넣고 휘핑한 다음, 그중
반을 덜어내 파란색 식용색소를 넣고 섞어
줍니다.

Tip 생크림에 설탕을 넣으면 휘핑 크림이 더 단
단해져요.

③ 스펀지케이크를 용기에 맞게 잘라서 한 겹
을 깔고 하얀 생크림을 펴서 바른 다음, ①
에서 남은 과일들을 잘게 잘라서 올려요.

Tip 구름을 표현할 하얀 생크림을 2큰술 정도
남겨 두세요.

③ 위에 스펀지케이크를 한 겹 더 올리고
파란색 생크림을 펴 발라서 하늘을 표현해
주세요.

④ 위로 과일을 올려서 열기구 풍선을 만들
고, 망고 자투리와 이쑤시개로 열기구 바구니
를 표현합니다.

⑥ 곰돌이 모양 젤리를 바구니에 올리고, 하얀
색 생크림을 구름처럼 얹어 완성합니다.

핑거프린트 열기구

핑거프린트 아트는 지문, 즉 손도장으로 그리는 그림을 말해요. 손가락에 물감이나 스탬프잉크 등을 묻혀서 지문을 종이에 찍고, 그림을 그려서 완성하는 식이지요. 별다른 기법 없이도 쉽고 다양하게 표현할 수 있어 미술놀이로 좋고, 손끝을 자극하는 놀이라 두뇌발달에도 좋답니다. 하얀 도화지에 손도장으로 열기구를 만들어 모험을 떠나 볼까요? 어디로, 누구를 만나러 가는지 재미있는 이야기도 함께 만들어 보아요.

준비물 도화지, 자, 템페라 물감, 팔레트, 볼펜 또는 사인펜, 채색 도구(색연필, 사인펜 등)

① 종이에 자를 대고 볼펜이나 사인펜으로 여러 개의 풍선 줄을 그려요. 이때 줄 아래쪽이 한데 모이도록 그려 줍니다.

② 템페라 물감을 팔레트에 짜서 준비합니다.

③ 풍선 줄 위로 손도장을 가득 찍어서 풍선 열기구를 표현합니다.

④ 풍선 줄 아래로 열기구 바구니와 좋아하는 동물이나 캐릭터를 그려서 완성합니다.

몬드리안 비빔밥

빨강, 파랑, 노랑 네모들로 이루어진 미술작품을 본 적 있나요? 추상화로 유명한 네덜란드 화가 몬드리안의 <빨강, 파랑, 노랑의 구성>이라는 작품이에요. 깔끔하고 잘 정돈된 느낌이긴 한데 도대체 무엇을 표현했는지 알쏭달쏭하기도 합니다. 추상화는 이처럼 어떤 주제를 자기만의 방식으로 표현하는 것을 말해요. 하얀 밥 위에 김을 수직과 수평으로 올려 공간을 나누고 형형색색의 재료를 올려서 식탁 위에 몬드리안 추상화를 표현해 볼까요?

재료 2인분

밥 300g(1공기는 약 200g)
마른 김 1장
시금치 약간
달걀 1개
당근 1/2개
슬라이스 햄 1장
소금, 참기름, 깨소금 약간

도구

네모난 용기
별 모양틀(생략 가능)

① 시금치는 데쳐서 물기를 빼고 잘게 다진 다음, 소금과 참기름, 깨소금으로 양념하여 무쳐요.

② 채를 썬 당근은 소금을 약간 넣고 볶아요.

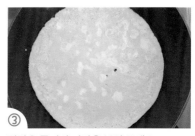

③ 달걀은 풀어서 지단을 부쳐 주세요.

④ 슬라이스 햄을 모양틀로 찍어요.

몬드리안 비빔밥으로 도형 이해하기

몬드리안은 자연의 형태를 단순화하면 수직선과 수평선이 남고, 선들이 만나면 공간이 생긴다고 생각했어요. 비빔밥을 만들면서도 점과 점이 만나 선이 되는 것, 선과 선이 만나 면이 되는 것을 체험할 수 있어요. 기다란 김 조각을 이어 붙여 선을 만들고, 시금치를 채워서 면을 만드는 것이지요. 몬드리안 작품엔 네모만 있었지만, 우리는 세모도 만들어 볼까요?

⑤ 네모난 용기에 밥을 펴서 담은 다음, 길게 자른 김을 가로와 세로로 칸을 나눠서 올려요.

Tip 김을 올리기 전에 밥을 살짝 식혀 주세요.

⑥ 준비한 재료들과 구운 햄으로 칸을 채워서 완성합니다.

Tip 몬드리안의 작품을 먼저 감상하면 좋아요.

꿈꾸는 몬드리안 하우스

몬드리안의 작품은 다양한 분야에서 활용되었어요. 이브 생
로랑을 비롯한 많은 디자이너들이 패션과 접목하여 선보였고,
건축이나 실내 장식, 소품 등에도 종종 몬드리안 작품이 활용
되고 있답니다. 반듯반듯한 직선으로 나뉜 몬드리안 그림을
보고 집을 떠올린 아이와 함께 몬드리안 스타일의 집을 만들
어 보았어요. 집 말고도 자동차, 티셔츠, 학용품, 가구, 신발 등
아이가 좋아하는 것을 꾸미며 꼬마 예술가가 되어 보아요.

준비물 도화지, 크레파스, 유성매직, 연필, 지우개

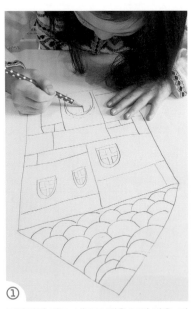

① 도화지에 세모, 네모로 집을 그린 다음, 지
붕 아래를 몬드리안 스타일로 분할해요.

② 분할된 면을 색칠해요. 몬드리안처럼 빨
강, 파랑, 노랑을 잘 활용해 보세요.

③ 매직으로 집의 전체 테두리와 각 면의 경계
선까지 그려서 완성합니다.

명화와 친해지는 맛있는 방법

해바라기 타르트

미술관에서 아이와 함께 우아하게 명화를 감상하는 건 엄마들이 늘 꿈꿔 온 장면 아닐까요? 하지만 막상 현실에서는 어수선하게 뛰어다니거나 징징거리는 아이 때문에 기분만 상하고 돌아오곤 하지요. 명화에 대해 알려주고 싶어도 어디서부터 시작해야 할지 막막하여 지레 포기하기도 합니다. 아이들에게도 유명한 화가인 고흐의 〈해바라기〉를 요리로 옮기며 명화와 친해져 보면 어떨까요? 아이와 함께하는 미술관 나들이가 점점 재미있어질 거예요.

재료 8개 분량

타르트 쉘 8개(시판)
단호박 1/4개
해바라기씨 초콜릿 50~60알
호박씨 3큰술
꿀 1작은술

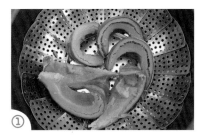

① 단호박을 잘라서 속을 깨끗이 긁어낸 다음, 쪄 주세요.

Tip 단호박을 위생랩으로 감싸서 전자레인지에서 2분 정도 돌리면 자르기 쉬워요.

② 삶은 단호박은 껍질을 벗긴 다음, 그릇에 담아서 으깨요.

③ ②에 꿀을 1작은술 넣고 섞어요.

Tip 단호박에 물기가 적을 경우, 플레인 요구르트를 1작은술 넣어 주세요.

④ 타르트 쉘 안에 ③을 담아 주세요.

타르트와 파이, 뭐가 달라요?

타르트는 밀가루와 버터로 반죽을 만들어 그릇 형태의 쉘로 먼저 구운 다음, 쉘 위에 크림이나 과일 등 재료를 올린 과자를 말합니다. 파이는 타르트와 만드는 법이 달라요. 파이 반죽 위에 재료를 올린 다음 그 위로 반죽을 다시 덮어서 굽는답니다. 즉, 재료가 위에 보이면 타르트, 재료가 안 보이게 덮여 있으면 파이인 셈이지요.

⑤ 해바라기씨 초콜릿으로 ④의 가운데를 장식합니다.

⑥ 호박씨로 타르트 쉘 가장자리를 둘러서 완성합니다.

꼬리를 무는 미술놀이

마블링 별이 빛나는 밤

마블링 기법은 기름 성분의 물감을 물에 풀어서 종이에 옮기는 미술 표현 기법으로, 물과 기름이 서로 섞이지 않는 성질을 이용한 것이에요. 어떤 색을 쓰느냐에 따라, 얼마나 저어 주느냐에 따라 의도하지 않은 다양한 무늬를 얻을 수 있어 아이들이 흥미로워하지요. 노란 별이 소용돌이치는 듯한 고흐의 〈별이 빛나는 밤〉을 마블링 기법으로 표현하여 세상에 단 하나뿐인 밤하늘을 만나 볼까요?

준비물 검은 도화지, A4 용지, 신문, 일회용 용기, 나무젓가락, 마블링 물감(검정, 파랑, 초록, 노랑), 별 스티커, 유성매직, 가위, 풀

① 일회용 용기에 물을 담고 마블링 물감을 짜 주세요.

Tip 마블링 물감은 잘 지워지지 않으니 비닐장갑, 팔토시, 앞치마 등을 사용하면 좋아요.

② 나무젓가락으로 ①을 저어서 자연스러운 패턴을 만들어요.

③ A4 용지를 ② 위에 올려 찍은 다음, 바싹 말려서 검은 도화지에 붙여요.

④ 신문을 크고 작은 직사각형 모양으로 오린 다음, ③에 붙여서 건물을 표현합니다.

⑤ 매직으로 건물의 창문을 그려요.

⑥ 스티커로 반짝이는 별을 표현하여 완성합니다.

신호등 김밥

유치원에 가면 가장 먼저 배우게 되는 것 중 하나가 안전교육이죠. 그중에서도 교통표지판에 대한 교육은 아이들에게 필수입니다. 여러 번 반복해도 부족함 없는 교육이니 신호등 모양의 김밥을 만들며 지루하지 않게 배워 보는 건 어떨까요? 조금만 아이디어를 보태면 이전에 보지 못한 새로운 김밥으로 변신할 수 있고, 또 아이들도 좋아하니까요. 도화지에 그림을 그려 나만의 식탁 매트도 함께 만들어 보아요.

재료 2인분

밥 300g(1공기는 약 200g)
빨간 파프리카 약간
게맛살 1줌
시금치 1줌
삶은 달걀 1알
김밥용 김 4장
소금, 참기름 약간

도구

꼬치

① 삶은 달걀은 노른자만 으깨고, 파프리카와 게맛살은 잘게 썰어 섞고, 시금치는 데쳐서 소금과 참기름으로 양념해요.

Tip 삶은 달걀 대신 단무지를 다져 넣어도 좋아요.

② 준비한 재료에 소금과 참기름으로 양념한 밥을 섞어서 빨간색, 노란색, 초록색 밥을 만들어요.

③ 4등분한 김에 ②의 밥을 한 가지 색만 올려서 말아 주세요.

④ 2등분한 김에 흰밥을 깔고 ③을 빨간색→노란색→초록색 순으로 올려서 긴 타원형으로 말아요.

김밥은 일본에서 들어왔다? 땡!

일본의 김초밥이 김밥의 유래라고 생각하는 사람들이 많아요. 하지만 김밥의 주재료인 김을 식용한 기록에 따르면, 우리나라 최초로 김을 기록한 《삼국유사》가 일본의 기록보다 1000년 이상 앞선답니다. 김은 그 형태상 싸 먹어야 하는 음식이니 김밥의 역사도 우리가 훨씬 길 수밖에 없어요. 이제 김밥은 우리나라가 원조라는 자부심을 갖고 먹어도 좋아요!

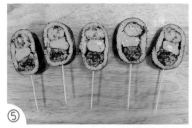

⑤ ④를 칼로 얇게 썬 다음, 꼬치를 끼워서 완성합니다.

⑥ 동네 풍경을 그려서 식탁 매트를 만들고, 반으로 자른 방울토마토에 김밥 꼬치를 끼워서 세우면 더 재미있어요!

아이디어가 통통 튀는 표지판

교통안전을 지키기 위한 규칙이 있는 것처럼 일상생활에서도 지켜야 할 규칙이 있어요. 가정, 학교, 공원, 마트 등등 아이들이 자주 생활하는 곳을 함께 떠올려보고, 생활에 꼭 필요한 규칙이 뭐가 있을지 이야기해 보세요. 그런 생활규칙들을 담아서 표지판을 만든다면, 아이들의 번뜩이는 아이디어에 놀라게 될 거에요. 아이들 스스로 규칙을 세우고 지키도록 하여 교육적으로도 좋답니다.

준비물 도화지, 코팅지, 코팅기, 아이스크림 막대, 연필, 채색 도구(색연필, 사인펜 등), 가위, 양면테이프

① 종이를 다양한 모양으로 잘라요.

② 그림과 메시지를 스케치하여 생활규칙을 표현합니다.

③ ②를 색칠해 주세요.

④ ③을 코팅한 다음 모양대로 잘라요.

⑤ 아이스크림 막대를 뒷면에 붙여서 완성합니다.

정원 샌드위치

식빵 사이에 슬라이스 치즈 한 장, 슬라이스 햄 한 장 얹고 싱싱한 채소까지 넣으면 아이들 간식이나 간단하게 끼니를 때워야 할 때 그만입니다. 영양 만점에 맛도 좋아 아이들도 좋아하지요. 익숙한 햄치즈 샌드위치를 조금 특별하게 만들 방법이 여기에 있어요. 식빵을 도화지 삼아 건강한 재료들로 꽃이 활짝 핀 예쁜 정원을 표현하는 것이랍니다. 도화지에 그림을 그릴 때와는 또 다른 재미가 느껴질 거예요.

재료 2인분

식빵 1통(자르지 않은 것으로)
슬라이스 치즈 6장(흰색, 노란색 3장씩)
슬라이스 햄 2장
방울토마토 1~2알
소시지 1줄
초록잎채소 약간
마요네즈 약간

도구
둥근 모양틀

① 통식빵을 옆으로 길게 자르고 테두리를 잘라 내어 2장을 준비합니다.

② 식빵을 깔고 마요네즈를 살짝 바른 다음, 그 위에 노란색 슬라이스 치즈와 슬라이스 햄을 2장씩 올려요.

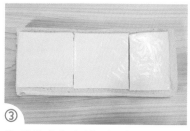

② 위에 다시 식빵을 덮고 흰색 슬라이스 치즈를 올려요.

Tip 하얀 도화지가 될 수 있도록 흰색 슬라이스 치즈를 사용합니다.

④ 방울토마토, 소시지는 얇게 자르고, 초록잎 채소는 깨끗이 씻어서 물기를 빼 주세요.

Tip 소시지는 뜨거운 물에 삶아서 사용합니다.

밥 먹는 시간도 아까워!

샌드위치는 18세기 영국 황실의 백작인 샌드위치의 이름을 딴 음식이에요. 샌드위치 백작은 밥 먹는 시간마저 아까워할 정도로 카드놀이를 좋아했어요. 카드놀이를 하면서 밥을 먹을 수 없을까 고민하던 샌드위치는 하인에게 빵에 고기와 채소를 끼워 넣어서 가져오라고 했답니다. 그렇게 탄생한 샌드위치는 전 세계로 퍼져나가 많은 사랑을 받고 있지요.

⑤ 노란색 슬라이스 치즈를 모양틀로 자른 다음, ③ 위에 ④의 재료들과 함께 올려서 정원을 만들어요.

⑥ ⑤를 전자레인지에 넣고 치즈가 녹을 때까지 돌려서 완성합니다.

Tip 완성 후, 검은깨와 케첩으로 꽃의 표정을 표현해도 좋아요.

꽃이 흐드러진 정원

프랑스 화가 클로드 모네는 "정원은 나의 가장 아름다운 명작이다."라는 말을 남겼다고 해요. 모네는 파리 근교의 지베르니라는 곳에 정원을 정성스레 가꾸었고, 그곳의 풍경을 그림에 옮겨 담았답니다. 오늘은 우리도 모네가 되어 꽃으로 흐드러진 정원을 그려 보도록 해요. 종이에 물을 묻힌 다음 물감을 자연스럽게 번지게 하는 번지기 기법으로 표현하면, 수채화가 처음인 아이들도 멋진 정원 풍경을 그릴 수 있어요.

준비물 도화지, 색지, 물감, 붓

① 도화지에 물을 전체적으로 발라요.

Tip 넓은 평붓이 없으면 스프레이로 물을 뿌려도 됩니다.

② 붓에 물감을 칠하여 군데군데 꽃을 그려요.

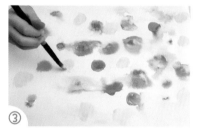

③ 색을 바꾸어 계속해서 꽃을 표현합니다.

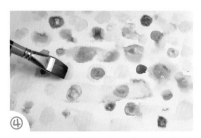

④ 도화지의 물기가 마르면 중간중간 물을 살짝 발라준 다음, 꽃을 채워 주세요.

⑤ 초록 계열 물감으로 이파리를 표현해요.

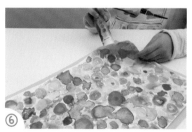

⑥ 그림이 완전히 마르면 색지에 붙여서 완성합니다.

75

바람개비 토스트

색종이로 바람개비 날개를 만들어 가느다란 막대나 수수깡 끝에 꽂으면 바람개비가 만들어져요. 바람개비를 들고 달리거나 입으로 바람을 불어 주면 빙글빙글 돌아간답니다. 보이지 않는 공기와 바람의 힘을 느낄 수 있는 장난감이 간단한 재료로 손쉽게 만들어지지요. 식빵으로도 바람개비를 만들 수 있어요. 평범한 식빵이 바람개비로 변신하는 순간, 어디선가 시원한 바람이 불어오는 것 같지 않나요?

재료 3개 분량
식빵 3장
다양한 종류의 잼

도구
밀대
이쑤시개

① 식빵을 밀대로 얇게 밀어요.

Tip 식빵 대신 냉동생지를 이용할 수 있어요.

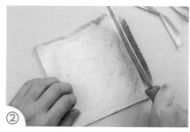

② 식빵 꼬투리를 잘라서 정사각형으로 만들어요.

③ 정사각형의 네 꼭짓점으로부터 중심 방향으로 잘라 줍니다.

④ ③을 바람개비 날개 모양으로 접고 가운데를 이쑤시개로 고정해요.

재료를 끼우면 토스트가 아니지~

'토스트'는 '노르스름하게 굽는다'는 뜻의 라틴어에서 온 말이라고 해요. 얇게 썬 식빵을 살짝 구우면 바삭바삭해지면서 더욱 고소하고 맛있어진답니다. 토스트 그대로 먹거나 잼이나 버터를 발라서 먹으면 꿀맛! 토스트 사이에 햄이나 치즈 등을 끼워 만든 것을 '햄치즈 토스트'로 부르기도 하는데, 엄밀히 말하면 '햄치즈 샌드위치'랍니다.

⑤ 오븐에 넣고 겉이 바삭할 정도로만 살짝 구워요.

Tip 오븐이 없으면 에어프라이어를 이용하고, 조리 환경에 따라 시간을 가감합니다.

⑥ 이쑤시개를 제거한 다음, 잼을 날개 안쪽과 중심점에 발라서 완성합니다.

풍차가 있는 풍경

바람개비처럼 바람의 힘을 알 수 있는 것은 또 뭐가 있을까요? 바람으로 날개를 회전시켜서 여러 가지 일을 하는 풍차랍니다. 풍차로 유명한 나라는 네덜란드! 네덜란드 사진을 보면 풍차 뒤로 넓은 튤립 정원이 펼쳐지거나 해안가를 따라 풍차가 줄지어 있는 걸 흔히 볼 수 있어요. 색종이로 풍차 날개를 만들어 붙이고, 네덜란드의 국화인 튤립을 한가득 그려 넣어서 풍차가 있는 풍경 속으로 여행을 떠나 볼까요?

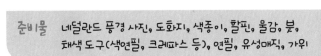
준비물 네덜란드 풍경 사진, 도화지, 색종이, 할핀, 물감, 붓, 채색 도구(색연필, 크레파스 등), 연필, 유성매직, 가위

① 풍차가 있는 네덜란드의 풍경 사진을 보며 밑그림을 그려요.

② 매직으로 풍차와 꽃의 테두리를 그린 다음 색칠해요.

③ 물감으로 배경을 칠해 주세요.

④ 색종이의 네 꼭짓점으로부터 중심 방향으로 자른 다음, 중심점으로 종이를 모아서 할핀으로 고정해요.

⑤ ④의 할핀을 ③의 그림에 꽂아서 바람개비가 돌아가도록 하여 완성합니다.

유리 속 달콤한 미니정원

떠먹는 테라리움 케이크

작은 유리병에 담긴 식물들을 본 적이 있나요? '테라리움'이라 불리는 것으로, '땅'이라는 뜻의 '테라'와 '장소'를 나타내는 '아리움'이 합쳐진 말이라고 해요. 투명한 용기 안에 다육식물처럼 작은 식물들을 아기자기하게 키울 수 있어 집안을 꾸밀 때도 많이 활용된답니다. 우리는 아이들이 좋아하는 카스텔라와 달콤한 재료들로 좀 더 특별하게 만들어 보도록 해요. 떠먹는 테라리움이라니! 상상만 해도 신나지 않나요?

재료 2인분

카스텔라 250g
생크림 300g
통밀쿠키 3개
초코샌드 3개
돌멩이 모양 초콜릿 **약간**
지렁이 모양 젤리 3~4개
허브 1줌 (민트, 로즈마리 등)
설탕 2큰술

도구
밀대
지퍼백
투명한 용기
핸드 믹서 (휘핑용)

① 카스텔라를 투명한 용기에 들어갈 수 있는 크기로 잘라요.

② 통밀쿠키를 지퍼백에 넣고 밀대로 잘게 부숴요.

Tip 밀대로 밀다가 지퍼백이 터질 수 있으니 지퍼백을 살짝 열어 주세요.

③ 초코샌드는 크림을 제거한 다음, ②와 같은 방법으로 부숴요.

④ 생크림에 설탕을 2큰술 넣고 휘핑합니다.

Tip 생크림에 설탕을 넣으면 휘핑 크림이 더 단단해져요.

입에 넣자마자 녹는 기이한 맛

우리나라 최초로 카스텔라를 기록한 사람은 조선 중기 '이기지'라는 선비였어요. 숙종이 세상을 떠나자 이를 청나라에 알리기 위한 사신단이 꾸려졌고, 이기지는 사신단을 따라 북경에 갔어요. 북경의 한 천주교 교당에서 포르투갈 선교사가 내온 노랗고 부드러운 서양빵을 먹게 되었고, '입에 넣자마자 사르르 녹는 기이한' 맛으로 기록했어요. 그게 바로 카스텔라였답니다.

⑤ 투명한 용기에 카스테라→생크림→통밀쿠키→초코샌드 순으로 쌓아요.

⑥ 허브와 젤리, 초콜릿 등을 올려서 작은 정원을 표현하여 완성합니다.

Tip 둥근 뚜껑이 있는 플라스틱 용기를 이용하면 냉장고에 보관할 수 있어요.

휴지심에 꽃이 폈어요

휴지심이 자연에서 완전분해되려면 얼마나 걸릴까요? 무려 95년이 걸린다고 해요. 휴지를 아예 안 쓸 수는 없으니 무심코 버렸던 휴지심을 좀 더 의미 있게 사용해 보기로 해요. 휴지심은 가위로 오리거나 모양을 변형하기 쉬워서 다양한 미술 활동에 사용할 수 있으니까요. 휴지심으로 작은 화분을 만들고 예쁜 종이꽃도 몇 송이 꽂아 보세요. 어디선가 꽃향기를 맡은 나비가 날아와 살포시 앉을 것 같답니다.

준비물 휴지심, 도화지, 색깔 있는 초콜릿 유산지 컵, 스타핑지, 단추, 아이스크림 막대(초록색), 사인펜, 가위, 목공풀

① 휴지심을 반원 모양으로 접어요.

② 같은 방법으로 크고 작게 여러 개 만들어서 도화지에 붙여요.

③ 아이스크림 막대를 반원 안쪽에 붙여서 꽃의 줄기를 표현해요.

④ ③의 끝에 초콜릿 유산지 컵과 단추를 목공풀로 붙여서 꽃잎과 꽃술을 만들어요.

⑤ 스타핑지로 휴지심 안을 채우고, 사인펜으로 화분을 꾸며서 완성합니다.

핸드폰 하와이안 무스비

틈만 나면 엄마에게 핸드폰을 달라고 떼쓰는 아이들이 많지요? 저희 아이들도 그렇답니다. 아이들과 핸드폰으로 실랑이하는 대신 핸드폰 모양의 김밥을 만들면 어떨까요? 네모난 하와이안 무스비가 꼭 핸드폰 모양 같거든요. 네모난 스팸통에 넣어 간단히 만드니 아이들도 쉽게 만들 수 있고, 속 재료도 스팸과 달걀이면 준비 끝! 핸드폰보다 엄마와 함께 요리하는 시간이 훨씬 재미있다는 걸 아이들도 알게 될 거에요.

재료 2개 분량

밥 **300g**(1공기는 약 200g)
스팸 **2조각**
달걀 **2알**
깻잎 **2장**
(아보카도, 오이 등으로 대체 가능)

슬라이스 치즈 **2장**
김밥용 김 **1장**
식용유, 참기름, 깨소금 **약간**

도구

스팸통(작은 크기로 준비)
위생랩
둥근 모양틀(빨대로 대체 가능)
이쑤시개

하와이로 건너간 일본식 주먹밥

'무스비'는 일본어로 '묶다'는 뜻인 '무스부'의 명사예요. 그런데 왜 '하와이안 무스비'일까요? 제2차 세계대전 전후, 하와이로 간 일본인들이 주먹밥에 생선을 넣어 팔다가 한때 어업 금지로 생선 대신 스팸을 넣으면서 생겨난 이름이랍니다. 2008년 미국 대통령인 오바마가 자신의 고향인 하와이에서 하와이안 무스비를 먹는 사진이 신문에 실려 더욱 화제가 되었지요.

① 스팸을 1cm 두께로 잘라서 프라이팬에 기름을 두르지 않고 구워요.

Tip 스팸은 끓는 물에 데쳐서 짠맛을 줄인 후 사용해요.

② 달걀을 곱게 풀어 프라이팬에 식용유를 두르고 두껍게 부쳐요.

③ 밥은 참기름, 깨소금을 넣어 섞고, ②의 달걀부침과 깻잎은 스팸통으로 찍어 준비합니다.

④ 깨끗이 씻은 스팸통에 위생랩을 깔고, 밥→깻잎→달걀→스팸→밥 순으로 눌러 담아요.

Tip 스팸통 모서리 부분을 잘 누르며 위생랩을 깔아야 네모난 모양으로 만들 수 있어요.

⑤ 위생랩째 스팸통에서 꺼낸 다음, 김을 길이로 2등분하여 말아 주세요.

⑥ 슬라이스 치즈, 김 등을 얹어 핸드폰 모양으로 꾸며서 완성합니다.

Tip 김을 붙일 때는 이쑤시개에 물을 살짝 묻혀서 올리면 편해요.

우리 아이 첫 노트북

요즘 아이들은 태어나면서부터 컴퓨터, 휴대전화, 인터넷 등을 접하고 사용하는 '디지털 네이티브 세대'로 부른다고 해요. 디지털 기기의 사용을 무작정 막을 수도 없는 노릇이라 엄마들의 고민이 깊어만 가지요. 아이가 컴퓨터로 놀고 싶어 한다면, 택배 상자로 노트북을 함께 만들어 보세요. 역할놀이를 하면서 디지털 기기를 어떻게 사용해야 하는지 자연스럽게 이야기할 수 있고, 자판 연습도 할 수 있답니다.

준비물 택배 상자, A4 용지, 캐릭터 사진 프린트, 스티커 라벨지, 연필, 채색 도구(색연필, 사인펜 등), 가위, 풀

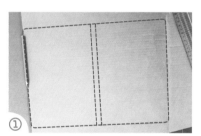

① 택배 상자에 노트북 모양으로 밑그림을 그린 다음, 외곽선을 오리고 가운데를 접어 주세요.

Tip 사진의 점선을 참조합니다. 가운데는 노트북 두께를 표현할 수 있도록 두 줄로 그린 다음, 커터칼의 칼등으로 그어서 접으면 쉽게 접을 수 있어요.

② 네모난 스티커 라벨지를 ①의 아랫면에 붙여서 자판을 표현합니다.

③ ②의 라벨지에 자판의 영문과 한글, 숫자 등을 적어요.

④ 아이가 좋아하는 캐릭터를 프린트하여 A4 용지에 오려 붙여요.

⑤ ④를 색연필과 사인펜 등으로 꾸민 다음, 자판 위쪽에 붙여서 완성합니다.

계절의 표정을
요리에 담아

개굴개굴 봄을 알리는 소리

개구리 시금치전

시금치는 비타민, 철분, 식이섬유 등 여러 가지 영양분이 골고루 함유되어 성장기 아이들에게 매우 유익해요. 이런 영양 만점인 시금치를 아이들에게 먹이고 싶지만, 아이들은 시금치가 초록 괴물이라도 되는 양 고개를 절레절레 흔들며 도망가곤 하지요. 지금까지 시금치로 나물이나 국을 만들었다면, 이번엔 겨울잠에서 깨어난 개구리 모양으로 시금치전을 부쳐 보세요. 봄이 되어 활동량이 많아진 아이들에게 새로운 활력소를 줄 수 있답니다.

재료 지름 10cm 12개 분량

시금치 1줌
칵테일 새우 1/2컵
슬라이스 햄 1장
슬라이스 치즈 2장
김, 쪽파 약간
부침가루 1컵
식용유 약간

도구
믹서기
둥근 모양틀
이쑤시개

① 시금치를 깨끗하게 손질한 다음, 믹서에 갈기 쉽도록 듬성듬성 썰어요.

② 칵테일 새우는 꼬리를 제거하여 살만 곱게 다지고, 쪽파는 잘게 다져요.

Tip 냉이, 참나물 등 봄나물을 잘게 다져서 함께 준비하면 좋아요.

③ 시금치는 물을 2/3컵 정도 넣고 믹서기에 갈아요.

④ ③에 ②를 넣고 잘 섞은 다음, 부침가루를 넣어 반죽을 만들어요.

수라상에도 빠지지 않았던 나물

임금님이 먹는 밥상에는 왠지 화려하고 진기한 요리만 가득할 것 같지만, 나물도 빠지지 않고 상에 올랐답니다. 봄나물을 귀히 여겨 조상들의 위패를 모신 종묘에 올리며 봄을 맞기도 했고, 화합의 뜻으로 오색 나물 반찬을 만들어 중신들에게 하사하기도 했지요. 나물 싫어하는 아이들에게 꼭 말해 주세요. 임금님 수라상에 오른 바로 그 반찬이라고 말이에요.

⑤ 프라이팬에 식용유를 두르고 지름 약 10cm 크기로 동그랗게 부쳐요.

Tip 약한 불로 부쳐서 초록색이 잘 나타나도록 합니다.

⑥ 슬라이스 치즈, 김, 슬라이스 햄으로 개구리의 눈과 입을 만들어 붙여서 완성합니다.

Tip 김을 붙일 때는 이쑤시개에 물을 살짝 묻혀서 올리면 편해요.

풍선 부는 개구리

한 해를 24개로 나누어 계절을 구분한 것을 절기라고 해요. 경칩은 24절기 중 세 번째 절기로, 양력으로 3월 5~6일 무렵이에요. 경칩이 되면 봄이 오는 소리에 벌레들도 놀라서 땅에서 튀어나오고 겨울잠을 자던 개구리들도 깨어난다고 해요. 도화지로 개구리 가면을 만들어 개굴개굴 신나게 노래하는 개구리도 만들고, 혓바닥 대신 풍선을 달아서 누가 누가 풍선을 크게 부나 시합도 한번 해 볼까요?

준비물　초록색 도화지, 색종이, 풍선, 사인펜, 가위, 풀

① 초록색 도화지를 동그랗게 잘라요.

② ①을 반으로 접은 다음 가운데를 네모로 잘라서 구멍을 만들어요.

③ 색종이로 개구리의 눈을 만들어 붙이고, 사인펜으로 코와 입을 그려 줍니다.

④ 반으로 다시 접어서 입 가운데를 가위로 살짝 잘라서 구멍을 만들어요.

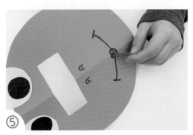

⑤ 입의 구멍으로 풍선을 끼워서 완성합니다.

진달래꽃 주먹밥

겨우내 얼어 있던 땅이 녹고 꽃이 피기 시작하는 봄. 길가에 핀 노란 개나리, 분홍 진달래, 하얗게 핀 벚꽃을 보면 누구라도 마음이 설렐 거예요. 봄꽃들이 하나둘 꽃망울을 터트리며 얼굴을 내밀고, 살랑살랑 기분 좋은 바람이 부는 이 좋은 계절에 집에만 있을 순 없지요. 단출하게 도시락 하나 싸 들고 봄맞이 소풍을 떠나 보는 건 어떨까요? 진달래꽃 모양으로 장식하여 만든 봄기운 가득한 주먹밥과 함께라면, 아이에게 오래오래 기억될 것 같아요.

재료 3~4개 분량

밥 200g (약 1공기)
스팸 150g
달걀 1알
밥 후레이크 2큰술
김치 40g
식용유, 참기름 약간

도구

모양틀 (꽃, 원형)
위생랩

① 스팸을 얇게 썰어 꽃 모양틀로 찍은 다음, 가운데를 둥근 모양틀로 구멍 냅니다.

Tip 스팸은 끓는 물에 데쳐서 짠맛을 줄인 후 사용해요.

② 달군 프라이팬에 식용유를 약간 떨어트려 닦아낸 다음, ①의 가운데에 달걀물을 부어서 구워요.

③ 김치는 속을 털고 씻어서 잘게 썰어요.

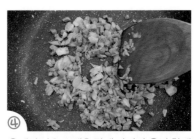

④ ①에서 남은 스팸을 잘게 다져서 ③과 함께 식용유에 볶아요.

주먹밥 속에 숨은 과학

쌀은 끈기도 없고 달라붙지도 않지만, 밥을 지어 동그랗게 뭉쳐 놓으면 밥알끼리 잘 달라붙어서 별다른 도구 없이도 편하게 먹을 수 있어요. 쌀에 무슨 일이 일어난 걸까요? 쌀에 물을 넣고 가열하면, 물을 흡수하면서 부피가 커지고 분자 사이가 넓어지면서 반투명하고 끈기가 생기기 때문이랍니다. 이런 작용을 거치며 먹기 쉽고 소화가 잘되는 상태로 변하지요.

⑤ 참기름과 밥 후레이크로 양념한 밥을 뭉쳐서 홈을 판 다음, 그 안에 ④를 넣고 동그랗게 주먹밥을 만들어요.

⑥ ⑤ 위에 ②를 올린 다음, 위생랩으로 감싸서 완성합니다.

Tip 위생랩으로 감싸야 모양을 잡기 쉬워요.

데칼코마니 날개를 펄럭펄럭

봄의 전령사, 나비가 있는 풍경은 아이가 어릴 때 몇 번쯤은 그리게 되지요. 이번엔 평범한 그림 말고, 데칼코마니를 이용해 그려 보기로 해요. 좌우 대칭을 이루는 나비의 날개는 대칭의 아름다움을 표현하는 데칼코마니로 표현하기 좋으니까요. 투명한 OHP 필름을 이용하면 물감이 섞이며 만들어지는 우연의 효과를 직접 볼 수 있어 더욱 흥미롭고, 살랑살랑 가벼운 날갯짓을 하는 나비로 표현할 수 있어요.

준비물 도화지, OHP 필름, 물감, 붓,
채색 도구(크레파스, 색연필 등), 가위, 양면테이프

① OHP 필름을 반으로 접었다가 펼쳐서 한쪽 면에 물감을 짠 다음, 다시 반으로 접어요.

② 살살 문질러서 물감이 자연스럽게 섞이게 한 다음, 펼쳐서 말려요.

③ ②의 물감이 마르는 동안, 도화지에 봄 풍경을 그려요.

④ ②를 나비 모양으로 자른 다음, 양면테이프로 도화지에 붙여서 완성합니다.

꼬꼬 피크닉 샌드위치

"참새 짹짹~ 오리 꽥꽥~" 선생님의 구령에 맞춰 동물 울음소리를 외치며 따라가는 아이들 모습, 소풍의 대표적인 풍경이지요. 그다음 자연스레 떠오르는 건 돗자리에 앉아 도시락을 까먹는 모습 아닐까요? 싱그러운 봄의 풍경과 함께라면 평범한 도시락도 꿀맛처럼 느껴지지만, 소풍을 손꼽아 기다리는 아이들은 도시락에 뭘 쌀지 묻고 또 묻지요. 도시락의 색다른 변신을 기대하는 아이들과 함께 준비할 도시락이 여기 있답니다.

재료 1개 분량
식빵 2장
삶은 달걀 1갈
슬라이스 치즈 1장
슬라이스 햄 1장
마요네즈 2큰술
김, 당근 약간

도구
하트 샌드위치틀
모양틀(마름모, 하트)
이쑤시개

① 삶은 달걀을 거칠게 으깨요.

② 당근과 슬라이스 햄 1/2장을 잘게 다져서 ①에 넣고 마요네즈와 함께 섞어요.

Tip 속 재료는 아이들이 좋아하는 재료나 평소 먹지 않는 재료로 다양하게 만들 수 있어요.

③ 식빵 1장을 깔고 ②를 중간에 올려요.

④ 남은 식빵을 ③ 위에 올리고 하트 샌드위치틀로 눌러서 모양을 내요.

달걀, 완전식품 맞네, 맞아~

비싸지 않고 구하기 쉬워 어느 집 냉장고에나 꼭 있는 달걀. 달걀 한 알에 단백질, 비타민, 무기질, 필수 아미노산 등 건강에 필요한 영양소를 모두 지니고 있어 완전식품으로 꼽히지요. 뼈와 근육의 형성과 성장, 두뇌 건강, 시력 보호, 기억력 증진, 면역력 강화 등을 돕기 때문에 성장기 어린이들에게 특히 필요하답니다. 하루에 한두 알로 우리 아이 건강을 챙겨 보세요!

⑤ 하트 모양의 뾰족한 부분이 위로 오게 돌려 놓은 다음, 모양틀이나 칼로 당근과 슬라이스 치즈를 잘라서 닭의 부리와 위아래 볏을 표현해요.

⑥ 슬라이스 햄과 김을 잘라서 눈과 볼터치를 표현하여 완성합니다.

Tip 김을 붙일 때는 이쑤시개에 물을 살짝 묻혀서 올리면 편해요.

설렘 가득 피크닉 매트

간단히 도시락 싸서 근처 공원에라도 나가고 싶지만, 황사와 미세먼지로 집에 있을 수밖에 없는 날. 꼭 소풍을 가지 않더라도 소품 하나로 얼마든지 소풍 기분을 낼 방법이 있어요. 세상에 둘도 없는 피크닉 매트를 만드는 거예요. 알록달록 예쁜 색의 EVA 위에 음식 담을 접시를 붙이고, 작은 주머니를 만들어 포크와 숟가락을 꽂고, 스티커로 아이 이름이나 마음에 드는 문구를 붙여 꾸미면 끝! 매트를 펼치면 소풍이 시작됩니다.

준비물 EVA 2장, 일회용 접시, 냅킨, 포크, 숟가락, 꾸미기 재료(이니셜 우드 장식, 비즈 스티커, 레이스 등), 가위, 양면테이프, 목공풀

① EVA를 식탁 매트 크기로 잘라요.

② 다른 색의 EVA를 작게 자른 다음, ①의 오른쪽에 붙여서 주머니를 만들어요.

③ 일회용 접시를 주머니 옆에 붙여요.

④ 이니셜 우드 장식이나 비즈 스티커, 레이스 등으로 매트를 장식해요.

⑤ 냅킨을 깔고 포크와 숟가락을 꽂아서 완성합니다.

더위 쫓는 도토리묵사발

무더위에 지치고 입맛도 떨어질 때, 여름나기 음식을 찾게 됩니다. 대표적인 음식이 삼계탕인데, 만들면서는 집이 찜통이 되고 먹을 때도 땀을 뻘뻘 흘리게 되니 자주 먹긴 어려워요. 자연스레 시원한 음식으로 눈을 돌리지만, 팥빙수나 아이스크림 같은 단 음식이 많아 건강에는 좋지 않아요. 몸속의 독소와 중금속을 빼 주는 도토리묵에 살얼음을 동동 띄워서 묵사발을 만들어 먹으면 어떨까요? 건강한 여름나기에 이보다 더 좋은 방법은 없을 거예요.

재료 2그릇 분량

도토리묵 250g
당근 1/2개
오이 1/2개
냉면 육수 400mL(시판)
김치 약간
참기름, 깨소금 약간

도구

모양틀(별, 꽃, 원형 등)

① 당근, 오이를 얇게 썬 후, 모양틀로 찍어서 모양을 냅니다.

② 도토리묵도 마찬가지로 얇게 썰어서 모양틀로 모양을 내요.

Tip 시판 도토리묵은 끓는 물에 살짝 데쳐서 사용해요.

③ 김치는 속을 털고 씻어서 잘게 썬 다음, 참기름과 깨소금으로 양념해요.

④ ①과 ②를 그릇에 소복이 담아요.

선조의 피난 음식

신석기시대부터 식용했고 흉년에 밥 대신 먹던 도토리. 도토리에 얽힌 유명한 이야기가 있어요. 선조 임금이 임진왜란으로 피난 갔을 때, 전쟁 통에 먹을거리가 충분치 않아 수라상에 도토리묵이 올라왔어요. 선조는 이를 맛있게 먹었고, 궁으로 돌아와서도 고생을 잊지 않겠다는 의미로 도토리묵을 찾았답니다. 그 후로 도토리는 '수라상에 오르는 도토리'라는 뜻의 '상수리'로 불렸지요.

⑤ ④에 냉면 육수를 붓고, ③의 김치를 올려서 완성합니다.

Tip 냉면 육수를 미리 냉동실에 넣어 살짝 얼리면 시원하게 먹을 수 있어요.

내 맘대로 팝시클

한입 베자마자 머리가 띵하며 시원해지는 팝시클. 흔히 '막대
아이스크림'으로 불리는데, 여름이면 어른이고 아이고 입에 달
고 살지요. 이번엔 알록달록 예쁜 색을 입힌 모래로 팝시클을
만들어 보아요. 색 모래 사용법은 간단해요. 원하는 부분에 풀
을 칠한 다음, 색 모래를 뿌려서 흔들면 끝! 아이들이 재밌어할
뿐 아니라, 새로운 재료를 탐색하고 표현하는 과정 자체가 의
미 있답니다.

준비물 도화지, 색 모래, 아이스크림 막대, 꾸미기 재료(폼폼이, 스팽
글 등), 연필, 유성매직, 가위, 물풀, 목공풀

① 아이스크림 막대를 제외한 얼음과자 부분
을 도화지에 매직으로 그려요.

Tip 연필로 밑그림을 그린 다음 그리면 편해요.

② ①을 모양대로 자른 다음, 중간중간 선을
그려서 면을 나눠 주세요.

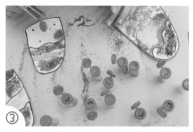

③ 원하는 면에 물풀을 바르고 색 모래를 뿌려
서 색을 입혀요.

Tip 모래알이 떨어지니 신문지나 매트를 깔고
하면 편해요.

④ ③이 다 마르면 목공풀로 스팽글이나 폼폼
이를 붙여서 장식해요.

⑤ ④의 뒷면에 아이스크림 막대를 붙여서 완
성합니다.

파도처럼 밀려오는 달콤함

해변 풍경 젤리

사람들이 여름 휴가지로 가장 먼저 떠올리는 곳은 해변 아닐까요? 바닷가 생각만으로도 푹푹 찌는 무더위가 물러
가는 것 같죠. 당장이라도 떠나고 싶은 마음을 담아 바닷가 풍경의 젤리를 만들어 보세요. 이온 음료는 푸르른 바다
가 되고, 달콤한 초콜릿과 블루베리는 바닷속 풍경으로 변신해요. 쿠키로 고운 모래가 깔린 백사장을 만들고 파라솔
까지 꽂으면 어느새 바닷가로 공간 이동! 한 숟가락 떠먹으면 시원한 파도가 가슴 속으로 밀려오는 것 같아요.

재료 2인분

파란색 이온 음료 600mL

판젤라틴 6~7장
(한천이나 젤라틴 가루는 약 12~14g)

여러 가지 모양 젤리 9~10개
(물고기, 곰돌이, 별 등)

돌멩이 모양 초콜릿 1줌

통밀쿠키 3~4개

블루베리 10알 내외

설탕 1큰술

도구

네모난 투명 용기

파라솔 이쑤시개

이쑤시개

① 찬물에 판젤라틴을 넣어서 투명하고 흐물흐물해질 때까지 10~15분 정도 불려요.

Tip 판젤라틴은 꼭 찬물에 불려야 해요. 그렇지 않으면 다 녹아 버릴 수 있어요.

② 불린 판젤라틴은 물기를 짠 다음, 살짝 데운 파란색 이온 음료에 설탕 1큰술과 함께 넣고 녹여요.

Tip 기호에 따라 설탕 분량을 조절합니다.

③ 네모난 투명 용기에 ②를 담아 냉장고에 넣고 3시간 이상 굳혀 주세요.

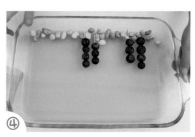

④ 돌멩이 모양 초콜릿과 블루베리로 바닷속 풍경을 표현해요.

Tip 이쑤시개로 블루베리를 줄줄이 꽂으면 해초를 쉽게 만들 수 있어요.

젤리에 꼭 필요한 것은 바로 젤라틴!!

탱글탱글한 젤리의 식감은 젤라틴을 넣었기 때문이에요. 젤라틴은 동물의 가죽이나 뼈를 구성하는 콜라겐 단백질로 만들었는데, 연한 노란색 가루나 투명하고 얇은 판의 형태로 되어 있어요. 열을 가하면 녹고 냉각하면 굳는 것이 특징이라, 어떤 음료든 젤라틴을 넣어 굳히면 젤리를 만들 수 있지요. 쫀득한 식감의 아이스크림이나 마시멜로에도 젤라틴을 넣는답니다.

⑤ 통밀쿠키를 지퍼백에 넣고 밀대로 잘게 부순 다음, 용기 한쪽에 모래를 표현해요.

Tip 밀대로 밀다가 지퍼백이 터질 수 있으니 지퍼백을 살짝 열어 주세요.

⑥ 젤리와 파라솔 이쑤시개로 꾸며서 완성합니다.

이 샌들, 완전 내 스타일이야!

바닷가 멋쟁이의 필수품 중 하나인 샌들은 여름을 주제로 한 미술놀이에 단골로 등장합니다. 보통은 종이 상자를 이용해 만드는데, 우리는 친환경 소재인 EVA로 만들어 보기로 해요. EVA는 가위로 쉽게 오릴 수 있어 만들기 재료로 더할 나위 없고, 실제 신발을 만들 때 사용되는 소재라 더욱 실감 나게 만들 수 있답니다. 샌들뿐 아니라 여름 모자나 액세서리, 가방 등을 함께 만들어 나만의 여름 스타일을 완성해 보세요!

준비물 EVA 3~4장, 꾸미기 재료(비즈 스티커 등), 연필, 가위, 양면테이프

① EVA 위에 발을 올려 밑그림을 그린 다음, 반으로 접고 잘라서 바닥을 2개 만들어요.

② 다른 색의 EVA를 얇게 잘라서 발등 부분의 끈을 만들어요.

Tip 발등 둘레보다 길게 잘라 주세요.

③ 발등 끈의 양 끝에 양면테이프를 붙인 다음, 바닥 위로 둘러서 붙여 주세요.

④ 비즈 스티커를 끈에 붙여서 장식합니다.

⑤ 뒤꿈치 부분을 동그랗게 오려서 양면테이프로 붙여요.

⑥ EVA를 또 하나 오려서 발등 부분을 장식하여 완성합니다.

둥지 비빔국수

요즘은 라면처럼 간단히 끓여 먹을 수 있는 냉면이나 국수가 많이 나와서 입맛 없을 때 한 끼 때우기 딱 좋지요. 하지만 내 아이들은 좀 더 영양가 있게 먹이고 싶은 게 엄마의 마음이지요. 그래서 준비한 요리는 바로 둥지 비빔국수! 국수사리와 볶은 소고기, 채소를 둥지처럼 동그랗게 모아 담고, 메추리알로 귀여운 새끼 새들을 만들어 올리는 거예요. 이제 쫄깃하고 시원한 비빔국수를 한 젓가락 입에 넣으면 더위에 잃은 입맛이 금세 돌아올 거랍니다.

재료 2인분

소면 200g
소고기 200g
삶은 메추리알 6개
오이 1/2개
당근 1/2개
소고기 양념
(간장 2큰술, 설탕 1큰술, 참기름 1큰술)
소면 양념(간장 1큰술, 참기름 1큰술)
얼음 10알
검은깨 약간

도구
꽃 모양틀
이쑤시개

국수 먹는 날

먹을거리가 많아진 요즘은 국수 먹는 날이 따로 없지만, 예전엔 잔칫날에나 국수를 먹을 수 있었어요. 우리나라는 밀 농사가 잘되지 않는 기후라 밀가루가 귀하기도 했고, 음식 중 단연 길이가 길어 의미도 남달랐기 때문이지요. 어떤 의미일까요? 결혼식에는 신랑과 신부의 인연이 오래 이어지기를 기원했고, 회갑연이나 고희연 같은 생일에는 장수를 기원했답니다.

① 소고기는 갈아서 양념을 섞은 다음, 달군 프라이팬에 국물 없이 바짝 볶아요.

② 오이는 길쭉하게 채를 썰고, 당근은 얇게 썰어서 모양틀로 모양을 냅니다.

③ 삶은 메추리알은 껍질을 벗긴 다음, 당근과 검은깨로 새를 표현해요.

Tip 물을 살짝 묻힌 이쑤시개로 검은깨를 붙이면 편해요.

④ 소면은 삶아서 간장 1큰술, 참기름 1큰술로 양념해요.

Tip 물이 끓어오를 때 찬물을 부으면 더욱 쫄깃하게 삶을 수 있어요.

⑤ 양념한 소면을 말아서 담고 볶은 소고기를 얹어요.

⑥ 채를 썬 오이를 동그랗게 얹고 ③을 올려서 둥지를 표현해요. 마지막으로 당근, 얼음을 올려서 완성합니다.

세상에서 제일 포근한 둥지

새가 알을 낳고 새끼를 기르는 둥지는 새의 종류에 따라 둥지를 짓는 장소나 재료, 모양도 매우 다양하답니다. 나무 위에 나뭇가지를 얹어 둥지를 짓는 새가 있는가 하면, 건물이나 바위 틈에 둥지를 트는 새도 있고, 나무에 구멍을 내는 딱따구리 같은 새도 있지요. 우리는 일회용 접시에 포장용으로 많이 쓰는 스타핑지를 수북이 깔아서 둥지를 틀고, 알에서 막 태어난 새끼 새와 어미 새를 붙여서 둥지 액자를 만들어 볼까요?

준비물 도화지, 색종이, 일회용 접시, 스타핑지, 리본끈, 아이스크림 막대, 연필, 색연필, 커터칼, 가위, 핑킹 가위, 목공풀

① 아이스크림 막대가 들어가도록 일회용 접시 안쪽을 커터칼로 10cm가량 잘라요.

② 노란 색종이에 어미 새와 새끼 새를 그리고, 도화지에 타원형의 새알을 여러 개 그려요.

③ 어미 새를 오려서 아이스크림 막대에 붙여 주세요.

④ 새알과 새끼 새를 오린 다음, 새끼 새의 눈과 부리를 그려요. 새알 하나는 핑킹 가위로 잘라서 깨진 알을 표현해요.

⑤ 일회용 접시에 새알과 새끼 새를 붙이고, 새알 아래 스타핑지를 붙여서 둥지를 표현해요.

⑥ ③을 ①에서 자른 틈에 꽂은 다음, 접시 위쪽에 구멍을 뚫고 리본끈을 묶어서 완성합니다.

Tip 아이스크림 막대를 움직이며 어미가 새끼에게 먹이를 가져다주는 역할놀이를 해 보세요.

겉은 바삭바삭 속은 부들부들

해바라기 감자 크로켓

쉽게 구할 수 있고 조리법도 다양해 어느 집이나 꼭 있는 감자! 고구마처럼 땅에서 캐니 뿌리식물로 생각하기 쉽지만, 뿌리가 굵어진 것이 아니라 땅속의 덩이줄기가 굵어진 줄기식물이랍니다. 여름부터 가을까지가 제철인 감자로 8~9월 뜨거운 햇빛 아래 아름다운 꽃을 피워 내는 해바라기 모양의 크로켓을 만들어 보세요. 만드는 재미와 먹는 재미는 물론이고, 줄기식물과 뿌리식물의 차이를 알아보는 유익한 시간이 될 거랍니다.

재료 2인분

감자 2개
햄 50g
캔 옥수수 1/2컵
당근 1/4개
양파 1/4개
밀가루 1컵
달걀 2알
빵가루 2컵
식용유 2컵
마요네즈 2큰술
케첩 약간

도구
작고 둥근 소스 그릇

① 햄, 당근, 양파는 잘게 썰고, 캔 옥수수는 물기를 빼서 준비해요.

Tip 아이들이 잘 먹지 않는 채소들을 잘게 다져 넣으면 좋아요.

② 감자는 삶아서 껍질을 벗기고 으깬 다음, ①과 마요네즈 2큰술을 넣고 섞어요.

③ ②를 꽃잎처럼 타원형으로 빚어요.

④ ③을 밀가루→달걀물→빵가루 순으로 튀김옷을 입혀요.

와작와작 씹어 먹는 크로켓

크로켓은 프랑스어로 '와작와작 씹다'는 뜻의 '크로키'에서 유래한 말로, 먹다 남은 스튜(고기와 채소를 넣고 끓인 음식)에 빵가루를 묻혀 튀긴 것에서 시작되었어요. 프랑스에서 크로켓을 맛본 네덜란드 요리사가 자기 나라에 소개하면서 고기와 감자로 속을 만든 크로켓이 네덜란드 대표 음식이 되었지요. 네덜란드에서는 자판기로도 뽑아 먹을 만큼 사랑받는 국민 간식이랍니다.

⑤ 튀김팬에 식용유를 넉넉히 넣고 달군 다음, ④를 노릇하게 튀겨요.

Tip 튀길 때는 반드시 어른이 함께하도록 합니다.

⑥ 소스 그릇에 케첩과 마요네즈를 짜서 벌집 모양의 꽃술을 표현하고, 주위로 ⑤를 빙 둘러서 완성합니다.

황금 들판의 주인공은 나야 나!

농작물을 해치는 새와 짐승을 쫓기 위해 세워 놓는 사람 모양의 구조물을 허수아비라고 하지요. 옛날 어느 농부가 볏짚으로 만든 비옷을 말리려고 지게에 걸어 놓았는데, 그날은 멍석에 널어놓은 곡식에 피해가 없었다고 해요. 그 후로 허수아비를 논밭에 세워 놓는 풍습이 생겨났답니다. 요즘 아이들은 허수아비를 실제로 접하기 어렵지만, 허수아비가 있는 가을 풍경을 표현하며 농경 문화의 전통을 다시금 되새겨 볼까요?

준비물 도화지, 색종이, 골판지, 일회용 접시, 털실, 눈 스티커, 연필, 채색 도구(크레파스, 파스텔, 사인펜 등), 가위, 목공풀

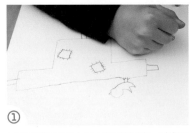

① 도화지에 연필로 허수아비가 있는 가을풍경을 스케치합니다. 이때 허수아비 얼굴은 그리지 않아요.

② 크레파스나 색연필, 파스텔로 허수아비 몸과 주변 풍경을 칠해요.

Tip 넓은 배경은 파스텔로 칠한 다음 휴지로 문질러주면, 부드럽고 은은한 색감으로 표현할 수 있어요.

③ 일회용 접시에 눈 스티커와 털실을 붙여 허수아비 얼굴을 표현해요.

④ 색종이와 골판지로 모자를 만들어 씌우고, 도화지에 붙여요.

Tip 골판지가 없으면 색종이로만 만들어도 좋아요.

⑤ 코와 입을 그려 넣어 완성합니다.

가을 단풍을 품은

고구마 피자

'가을' 하면 맨 처음 떠오르는 이미지는 아마도 울긋불긋한 단풍 옷으로 갈아입은 나무가 아닐까요? 단풍은 겨울나기를 준비하는 나무가 나뭇잎으로 가는 물과 영양분을 차단하면서 나타나는 현상이라니, 계절에 따른 자연의 변화는 참 신기하기만 합니다. 알록달록한 단풍을 파프리카로 표현하여 피자를 만들어 봤어요. 평소에 파프리카를 잘 먹지 않던 아이도 가을 단풍을 한가득 품은 피자 앞에서는 흔쾌히 입을 벌렸답니다.

재료 2개 분량

토르티야 2장
호박고구마 2개(약 300g)
3색 파프리카 1/2개씩
모차렐라 치즈 300g
캔 옥수수 1/2컵

① 호박고구마는 삶아서 껍질을 벗긴 다음 으깨요.

Tip 너무 퍽퍽하면 우유를 조금 넣고 으깨요.

② 파프리카는 잘게 썰고, 캔 옥수수는 물기를 빼서 준비해요.

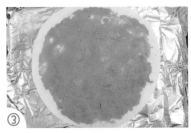

③ 토르티야에 ①을 2~3큰술 정도 남기고 넓게 펴서 발라요.

④ ③ 위에 모차렐라 치즈를 뿌려요.

Tip 모차렐라 치즈로 완전히 덮어야 가을 나무를 잘 표현할 수 있어요.

우유의 놀라운 변신

우유는 무궁무진하게 변신해요. 우유에 유산균을 넣어 발효시키면 요거트, 우유에서 수분을 제거하면 아기들이 먹는 분유, 우유를 농축하면 팥빙수에 뿌려 먹는 연유, 우유에서 유지방을 분리하여 굳히면 버터, 우유를 응고시킨 다음 유청을 제거하고 숙성하면 치즈가 되지요. 쭉쭉 늘어나는 모차렐라 치즈는 숙성하지 않은 치즈를 반죽처럼 치대서 쫀득쫀득하게 만든 것이랍니다.

⑤ ①로 나무줄기를 만들고, ②를 줄기 위아래로 올려서 가을 나무를 표현해요.

⑥ 오븐을 180℃로 예열한 다음, ⑤를 넣고 8~10분가량 구워서 완성합니다.

Tip 프라이팬을 사용할 경우, 뚜껑을 덮고 약한 불에서 치즈가 녹을 때까지 구워 주세요.

가을 나무 모자이크

모자이크는 여러 색의 돌, 조개껍질, 타일 등을 조각조각 붙여서 일정한 형상을 표현하는 기법으로, 서양 유물이나 건축물에서 모자이크로 장식한 벽과 천장을 종종 볼 수 있어요. 색종이로도 가능해요. 색종이를 찢거나 오리는 활동이 정서 안정과 스트레스 해소, 집중력 향상에 효과가 있을 뿐 아니라, 비슷한 색의 조각들이 모여 입체적인 효과를 낸답니다. 그럼, 울긋불긋해진 가을 풍경을 모자이크로 표현해 볼까요?

준비물   도화지, 색종이, 연필, 풀

① 도화지에 밑그림을 그려요.

② 색종이를 손으로 잘게 찢어서 준비해요.

③ 도화지에 딱풀을 칠한 다음, 잘게 찢은 색종이를 붙여 나무줄기와 가지를 표현해요.

④ 같은 방법으로 나무에 달린 나뭇잎을 표현해요.

⑤ 땅 위의 낙엽과 떨어지고 있는 낙엽까지 표현하여 완성합니다.

바삭함 속에 숨은 쫄깃함

눈사람 인절미 토스트

쫄깃한 떡에 고소한 콩고물을 묻힌 인절미. 인절미만 따로 먹어도 맛있지만, 언제부터인가 빙수에 인절미를 올리거나 토스트 사이에 넣거나 피자에 토핑하는 등 톡톡 튀는 아이디어를 더한 메뉴가 인기랍니다. 그중 가장 인기인 인절미 토스트를 겨울방학을 맞은 아이들과 함께 만들어 볼까요? 집에서도 손쉽게 만들 수 있어 좋고, 토스트 위에 눈사람 까지 표현하면 펑펑 눈이 내리는 날의 설렘과 행복까지 함께한답니다.

재료 1개 분량

식빵 2장
인절미 4~5개
꿀 2큰술
아몬드 슬라이스 1큰술
콩가루 1큰술
슈가 파우더 1큰술
알 초콜릿, 스프링클 약간
식용유 약간

도구

체
종이
가위

임 씨가 준 빼어난 맛

조선 시대 인조 임금이 공주 공산성에 머물던 시절, 임 씨 성을 가진 백성이 콩 고물에 묻힌 떡을 올렸어요. 떡을 맛있게 먹은 인조가 떡 이름을 물었는데, 아무도 몰랐어요. 임 씨가 올렸다는 것을 알게 된 인조는 '뛰어난 맛'이라는 뜻의 '절미'를 붙여 '임절미'로 불렀고, 세월이 흐르며 '인절미'가 되었어요. '당기다'의 '인'과 '자르다'의 '절'이 합쳐져 '당겨서 자르는 떡'으로도 전해진답니다.

① 식빵의 한쪽 면에 꿀을 듬뿍 발라요.

② 인절미를 잘게 잘라서 ① 위에 올려요.

Tip 아이들 목에 걸리지 않도록 인절미를 잘게 잘라 주세요.

② 위를 다른 식빵으로 덮은 다음, 프라이팬에 식용유를 두르고 앞뒤로 노릇하게 구워요.

③ 위에 콩가루를 뿌리고, 아래쪽에 아몬드 슬라이스를 올려요.

Tip 체에 쳐서 뭉침 없이 곱게 뿌려 주세요.

종이를 눈사람 모양으로 구멍 내어 ④ 위에 올리고, 슈가 파우더를 뿌려요.

Tip 크리스마스 트리나 진저맨 쿠키 등 다른 모양으로도 만들어 보세요.

알 초콜릿과 스프링클로 눈사람을 장식하여 완성합니다.

내 친구 눈사람

콜라주는 잡지, 사진, 색종이 등 종이류는 물론이고, 헝겊, 실, 곡식 등 다양한 재료를 붙여서 작품을 만드는 미술기법입니다. 구하기 쉬운 재료를 활용하여 준비도 번거롭지 않고, 오려서 붙이기만 하면 되니 누구나 쉽게 할 수 있고, 서로 다른 재료를 모아 하나의 형태를 표현하면서 창조의 기쁨까지 느낄 수 있답니다. 쓰고 남은 미술 재료와 작아진 옷가지를 버리지 않고 모았다가 콜라주로 눈사람을 한번 만들어 볼까요?

준비물 흰 도화지, 검은 도화지, 꾸미기 재료(헝겊 조각, 띠 골판지, 털실, 단추, 스티커, 스팽글, 솜 등), 사인펜, 가위, 풀, 목공풀

① 흰 도화지를 동그랗게 오린 다음, 검은 도화지에 붙여서 눈사람 몸을 만들어요.

② 헝겊 조각이나 띠 골판지, 단추, 스티커, 사인펜 등으로 눈사람을 꾸며요.

③ 스팽글, 솜 등으로 배경을 장식하여 완성합니다.

비타민 보트 팬케이크

겨울을 맞아 바깥 활동이 적어진 우리 아이들에게 무슨 간식을 해 줄까 고민이라면, 비타민 가득한 팬케이크를 추천합니다. 보통은 시럽이나 꿀, 잼을 발라서 간단히 먹지만, 팬케이크에 새콤달콤한 과일을 얹어 먹으면 겨울철 부족하기 쉬운 비타민을 보충할 수 있어서 더욱 좋아요. 감기도 예방하고 에너지도 충전할 수 있는 겨울나기 간식이지요. 시중에 나온 핫케이크 가루를 사용하면 맛있고도 간편하게 만들 수 있으니 한번 도전해 보세요!

재료 지름 8cm 4~5개 분량

박력분 100g
베이킹파우더 5g
우유 100mL
달걀 1알
설탕 20g
소금 약간(1꼬집)
녹인 버터 10g
생크림 200g
딸기 5알
블루베리 15알
슬라이스 파인애플 2쪽
키위 2개
귤 1개
식용유 약간

도구

깃발 이쑤시개
(이쑤시개에 삼각형 종이 붙여서)
핸드 믹서(휘핑용)
체

① 볼에 달걀과 설탕, 소금을 넣고 잘 섞어요.

② ①에 우유를 붓고, 박력분과 베이킹파우더, 녹인 버터를 넣어서 잘 섞어요.

Tip 박력분과 베이킹파우더는 체로 곱게 쳐서 넣어요.

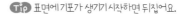

③ 달군 프라이팬에 식용유를 약간 떨어트려 닦아낸 다음, 반죽을 국자로 동그랗게 부어서 구워요.

Tip 표면에 기포가 생기기 시작하면 뒤집어요.

④ 딸기, 파인애플, 키위는 잘게 썰고, 귤은 한 조각씩 떼고, 블루베리는 알 그대로 준비합니다.

팬케이크 데이? 팬케이크 먹는 날?

기독교에는 부활절이 되기까지 40일 동안 금식하며 예수의 수난을 묵상하는 사순절이 있어요. 우유, 달걀, 버터 등을 넣은 고열량 팬케이크로 사순절 금식을 준비하던 것에서 유래되어 사순절 전날 팬케이크를 먹는 '팬케이크 데이'가 생겼답니다. 그런데 크리스마스처럼 날짜가 정해져 있지 않아요. 해마다 부활절 날짜가 바뀌니, 팬케이크 데이도 날짜가 달라질 수밖에요!

⑤ 팬케이크를 반으로 살짝 접은 다음, 생크림을 휘핑하여 올려요.

⑥ ⑤에 각종 과일을 올리고 깃발 이쑤시개를 꽂아서 완성합니다.

119

달걀판 미니 보트

그냥 버리면 쓰레기가 되었을 달걀판이 보트로 변신했어요.
달걀판은 누구나 구하기 쉽고, 종이로 만들어져서 가위로 자르거나 물감을 칠하기도 좋아요. 작품의 완성도가 높아서 성취감까지 으뜸인 미술 재료이지요. 이런 재활용품을 활용한 미술놀이는 재활용품이 작품으로 변형되는 과정을 통해 아이들의 창의력과 문제해결 능력을 키워 줄 수 있고, 환경보호에 관심을 가지는 좋은 기회가 된답니다.

준비물 종이 달걀판(4구 또는 6구), 도화지, 색종이, 종이 빨대, 단추, 물감, 붓, 가위, 풀, 목공풀

① 달걀판은 뚜껑을 잘라내고, 물감으로 색칠해요.

② 색종이를 세모로 오린 다음, 종이 빨대에 붙여서 돛을 만들어요.

③ 파란색 계열 색종이를 길게 쭉쭉 찢어요.

④ ③을 도화지에 볼록한 모양으로 붙여서 넘실대는 파도를 표현해요.

⑤ ①이 다 마르면 돛을 달고 단추로 주변을 장식해서 완성합니다.

Tip 작은 장난감 인형들을 태워서 놀아 보세요.

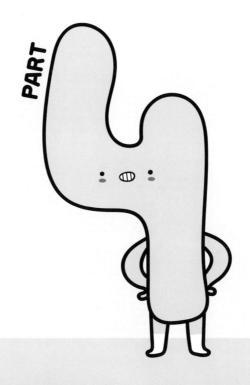

PART

재밌는 요리로
영어와 친해져요

알파벳 퀴노아 샐러드

영어공부의 시작인 알파벳. 파닉스 관련된 노래를 듣거나 애니메이션을 보여주기도 하고, 자석 교구를 들이거나 알파벳 교재로 하루 한 장씩 쓰게 하는 등 다양한 방법이 있지요. 여기 《The Alphabet Tree》라는 영어 동화책도 있어요. 알파벳이 모여 단어가 되는 것을 재밌게 풀어내어 알파벳에 대한 흥미를 불러일으키기 좋지요. 책을 읽은 다음 알파벳 모양을 낸 채소로 샐러드를 만들어 알파벳 찾기나 단어 만들기를 해 보면 더욱 재미있답니다.

재료 2인분

퀴노아 1/2컵
빨간 파프리카 1/4개
노란 파프리카 1/4개
콩 1/2컵
비트 1개
당근 1/2개
샐러드용 시금치 1줌
올리브유 2큰술
식초 2큰술(레몬즙 대체 가능)
소금 약간

도구
알파벳 모양틀

고대 잉카제국의 슈퍼 작물

페루어로 '곡물의 어머니'라는 뜻의 퀴노아. 우리나라에서는 이름도 낯설지만, 고대 잉카제국은 퀴노아를 감자, 옥수수와 함께 3대 작물로 키웠고, 수천 년 이상을 주식으로 먹었다고 해요. 단백질, 식이섬유, 비타민, 철분 등 각종 영양분이 풍부한 완전식품으로 재조명되면서 최근 들어 우리나라에서도 많이 찾게 되었지요. 특히 우유를 못 먹는 아이들에게 추천!

① 냄비에 퀴노아 1/2컵과 물 1컵, 소금 한 꼬집을 넣고 10분간 삶은 다음, 뚜껑을 닫고 5분간 뜸을 들여요.

Tip 알갱이가 작은 퀴노아는 체에 담아서 흐르는 물에 씻어요.

② 파프리카는 잘게 썰고, 콩은 삶아서 준비합니다.

③ 비트와 당근은 껍질을 벗기고 얇게 썰어 알파벳 모양틀로 찍어 주세요.

Tip 모양틀에서 채소를 뺄 때 젓가락을 이용하면 편해요.

④ 큰 볼에 ①, ②와 함께 샐러드용 시금치를 넣고 잘 섞어요.

Tip 시금치 대신 샐러드용 채소 믹스나 아보카도를 사용해도 좋아요.

⑤ 올리브유 2큰술, 식초 2큰술에 소금을 약간 섞어서 드레싱을 만든 다음, ④에 넣고 섞어요.

⑥ ⑤ 위에 ③을 올려 알파벳 샐러드를 완성합니다.

소금 캘리그래피

아이가 알파벳을 익혔다면, 아이 이름이나 간단한 문장으로 멋진 캘리그래피 액자를 만들어 보세요. 방법도, 재료도 아주 간단해요. 목공풀로 쓴 글씨나 그림에 소금을 입힌 다음, 그 위에 물감을 흘리면 끝! 소금이 녹으면서 물감이 번져 나가는 모습을 관찰할 수 있고, 선을 따라 색도 미묘하게 달라져서 아름다워요. 요리에나 사용할 줄 알았던 소금으로 멋진 액자를 만들 수 있어서 아이들이 정말 즐거워한답니다.

준비물 캔버스, 플라스틱 달걀판, 고운 소금, 물감, 스포이트, 나무젓가락, 연필, 지우개, 알파벳 모형, 목공풀

① 알파벳 모형으로 단어나 문장을 만들어 본 다음, 캔버스에 연필로 옮겨 적어요.

Tip 예쁜 그림을 함께 그려 넣어요.

② ①의 선을 따라 목공풀을 짜서 올려요.

③ 캔버스를 쟁반이나 상자 안에 넣고 목공풀이 완전히 덮이도록 소금을 충분히 뿌려요.

Tip 알갱이가 고운 소금을 사용하는 게 좋아요.

④ ③을 뒤집어서 알파벳 밖으로 떨어진 소금을 털어 내고 말려 주세요.

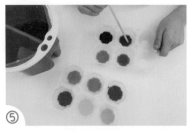

⑤ 플라스틱 달걀판 또는 플라스틱 컵에 물감을 짠 다음, 물을 조금 붓고 섞어서 물감물을 만들어요.

⑥ 물감물을 스포이트로 빨아들인 다음, 소금 위에 살짝 떨어트려서 물감이 퍼지게 합니다.

Tip 스포이트 대신 얇은 붓을 이용할 수 있어요.

무지개 물고기 유부초밥

만들기 간편하고 맛도 좋아 아이들 소풍 도시락으로 종종 싸게 되는 유부초밥. 늘 먹는 것에서 재료를 조금만 달리하면 유부초밥을 만들면서 재밌게 영어 색이름을 익힐 수 있어요. 《Rainbow Fish and the Big Blue Whale》 동화책 속의 무지개 물고기처럼 색색의 채소를 올려서 물고기 모양의 유부초밥을 만들면 된답니다. 탄수화물 위주의 유부초밥에 채소의 비타민과 무기질을 더하여 영양까지 잡아 보세요!

재료 8개 분량

밥 200g(약 1공기)
유부 8장
오이 1/3개
파프리카 1/4개씩(빨강, 노랑)
당근 1/2개
맛살 2줄
슬라이스 치즈 1장
김 약간
배합초 2큰술
(식초:설탕:소금=3:2:1로 섞어서)
마요네즈 2큰술
날치알 1큰술

도구

하트 모양틀
이쑤시개

① 밥에 배합초를 2큰술 넣어 섞고, 유부는 물기를 꼭 짜서 준비해요.

② 파프리카와 맛살, 오이를 잘게 썰어요.

③ 양념한 밥을 유부 안에 넣어요.

④ 마요네즈와 날치알을 섞어서 밥 위에 발라주세요.

Tip 기호에 따라 생략할 수 있어요.

유부의 정체를 밝혀라!

유부초밥의 유부를 무엇으로 만드는지 잘 모르는 아이들이 태반이에요. 두부의 물기를 제거해 납작하게 썬 다음, 기름에 튀기고 간장과 설탕에 조리면서 두부 원래의 맛과 모양이 사라지기 때문이지요. 기름에 튀겨 식감도 쫄깃해지고 오래 보관할 수 있어서 도시락 재료로 인기 만점! 시중에 유부초밥 재료가 잘 나와 있지만, 한 번쯤은 직접 만든 유부로 준비해 보는 건 어떨까요?

⑤ ④ 위에 ②를 빨강→주황→노랑→초록 순으로 올려요.

⑥ 슬라이스 치즈와 김을 이용하여 물고기 눈을 만들고, 당근으로 꼬리를 만들어 완성합니다.

Tip 김을 붙일 때는 이쑤시개에 물을 살짝 묻혀서 올리면 편해요.

보글보글 바닷속 풍경

아이들 누구나 좋아하는 비눗방울 놀이. 비눗방울을 크게 불었다가 터트리고, 보글보글한 거품을 쌓으며 신나게 놀지요. 비눗방울에 물감을 섞어서 도화지에 찍으면 그림도 그릴 수 있어요. 몽글몽글한 구름도, 작은 꽃이 모여 커다란 송이를 이룬 수국도 멋지게 표현된답니다. 우리도 파란 거품을 찍어 바다를 만들고, 물고기 모양의 감자 도장을 만들어 알록달록한 물고기가 노니는 바닷속 풍경을 그려 보아요.

준비물 도화지, 감자, 주방세제, 빨대, 물감, 채색 도구(크레파스, 색연필 등), 칼

① 그릇에 물을 넣고 파란색 물감을 풀어요.

② ①에 주방세제를 넣고 빨대로 거품을 내요.

Tip 어린아이들은 비눗방울을 삼킬 수 있으니 주의합니다.

③ ②의 거품 위에 도화지를 대고 찍어서 파란 바닷속 배경을 만들어요.

Tip 숟가락으로 거품을 떠서 옮겨도 됩니다.

④ 감자를 반으로 잘라서 물고기 모양의 도장을 만들어요.

Tip 단단한 감자를 칼로 조각하는 것은 어른이 하도록 합니다.

⑤ ③이 완전히 마르면 감자 도장에 물감을 묻혀 찍어요.

⑥ 크레파스나 색연필로 물풀과 작은 물고기를 그려서 바닷속 풍경을 완성합니다.

얼굴 부위 이름 익히기

몬스터 햄버거

햄버거는 어른, 아이 할 것 없이 좋아하는 음식이지만, 덜 익은 햄버거 패티를 먹은 아이가 병에 걸리고부터는 아이들 먹이기가 꺼려지기도 합니다. 아이들 건강과 교육이라면 팔을 걷어붙이는 엄마들에게 전하는 꿀팁이 있어요. 《Go Away Big Green Monster!》동화책을 읽고 몬스터 햄버거를 만드는 거예요. 햄버거에 눈을 붙이고 뾰족뾰족한 이빨을 표현하면서 얼굴 부위의 영어 이름까지 익힐 수 있는 일거양득 메뉴랍니다.

재료 1개 분량
햄버거빵 2장
소고기 120g
돼지고기 50g
슬라이스 치즈 2장(하얀색, 노란색 1장씩)
토마토 1/2개
슬라이스 햄 1장
빵가루 1큰술
김 약간
케첩, 마요네즈 약간
식용유, 소금, 후추 약간

도구
둥근 모양틀(2가지 크기)
이쑤시개

**몽골에서 시작해
미국에서 완성된 햄버거**

10세기 초 몽골인들은 다진 생고기를 안장 밑에 깔고 다니다 먹었다고 해요. 그것이 독일 함부르크에 전파되면서 다진 고기에 양념하여 구워 먹는 '함부르크 스테이크'가 생겨났어요. 19세기에 독일인들이 대거 미국으로 이주하면서 자연스럽게 건너갔고, 산업화로 빨리 먹을 수 있는 음식이 인기를 끌면서 빵 사이에 스테이크와 채소를 끼워 먹게 된 것이 지금의 햄버거랍니다.

① 소고기와 돼지고기는 곱게 갈아서 소금, 후추로 양념하고 빵가루를 넣어 동그랗게 빚은 다음, 프라이팬에 식용유를 두르고 구워서 고기 패티를 만들어요.

Tip 어느 정도 익으면 프라이팬에 물을 조금 붓고 뚜껑을 닫고 익혀야 타지 않아요.

② 슬라이스 햄은 데치고, 토마토는 얇게 썰고, 슬라이스 치즈는 한 면을 뾰족뾰족하게 잘라요.

③ 햄버거빵은 살짝 구워서 한쪽 면에 마요네즈를 발라요.

④ ③에 슬라이스 햄→고기 패티→슬라이스 치즈→토마토 순으로 올리고 맨 위에 케첩을 뿌려요.

Tip 슬라이스 햄은 동그랗게 말아 몬스터의 혀를 표현해요.

⑤ 햄버거빵을 덮고 슬라이스 치즈와 김으로 몬스터 눈을 만들어 올려요.

Tip 김을 붙일 때는 이쑤시개에 물을 살짝 묻혀서 올리면 편해요.

⑥ 이쑤시개로 귀를 표현하여 완성합니다.

Tip 올리브나 블루베리 등 작은 열매를 이쑤시개에 함께 꽂아서 귀를 표현해 보세요.

물감 불기로 만든 감정 몬스터

물감 불기는 묽은 물감을 종이에 떨어트리고 입이나 빨대로 불어서 무늬를 만드는 기법이에요. 물감을 부는 행위로 감정의 해소를 이끌 수 있고, 우연히 만들어진 추상적인 무늬가 다양한 연상 작용을 일으켜 미술놀이에 빠지지 않는답니다. 물감 불기로 감정 몬스터를 한번 만들어 보세요! 물감 자국 위에 웃는 눈, 화난 눈, 슬픈 눈, 사랑에 빠진 눈 등 다양한 눈 스티커로 꾸미면 감정놀이나 역할놀이로 확장할 수 있답니다.

준비물 흰 도화지, 검은 도화지, 물감, 붓, 팔레트, 빨대, 눈 스티커, 사인펜

① 물감에 물을 많이 섞어서 묽게 만들어요.

Tip 물약통에 물감을 섞어서 쓰면 편해요.

② 붓에 ①을 흠뻑 묻혀서 도화지에 떨어트려요.

③ 빨대로 ②를 불어요.

Tip 종이를 돌리며 불면 다양한 모양을 연출할 수 있어요.

④ 같은 방법으로 여러 가지 색을 표현해요.

⑤ ④가 완전히 마르면 검은 도화지에 붙인 다음, 다양한 표정의 눈 스티커를 붙여요.

⑥ 사인펜으로 입과 팔다리 등을 그리고, 특징에 맞게 재밌는 이름을 써넣어 완성합니다.

영어 동요와 함께하는
꼬마 기차 볶음밥

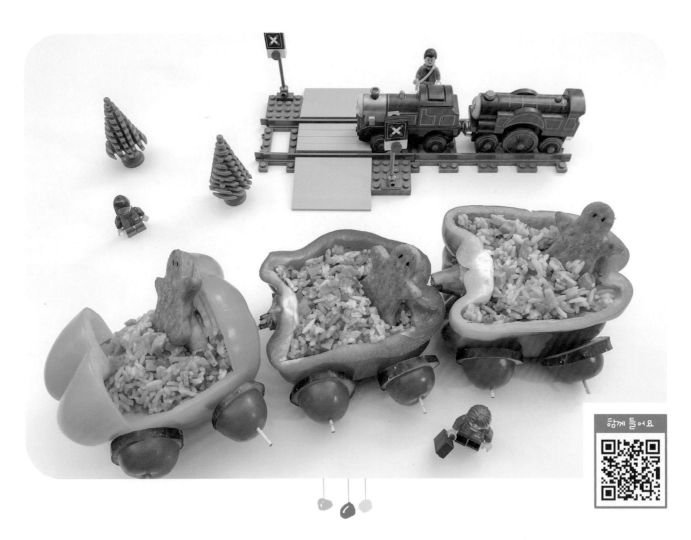

엄마들이 아이들에게 자주 해 먹이는 메뉴 중 하나가 볶음밥 아닐까요? 준비도 간단하고, 채소라면 질색하는 아이들도 잘게 썰어 넣으면 어쩔 수 없이 먹게 되니 영양 균형도 맞출 수 있어 좋으니까요. 아이들도 즐겁게 채소를 먹을 방법이 하나 있어요. 〈Down by the Station〉 영어 동요를 들으며 파프리카로 기차 모양의 볶음밥을 만드는 거예요. 만드는 재미에 채소에 대한 거부감은 사라지고 행복감만 남게 될 거랍니다.

재료 파프리카 기차 3개 분량

밥 300g(1공기는 약 200g)
파프리카 3개(빨강, 노랑, 초록)
스팸 1/2개
오이 1/2개
방울토마토 6개
양파 1/4개
굴소스 1큰술
식용유 약간

도구

이쑤시개
사람 모양틀

컬러푸드의 대명사 파프리카

컬러푸드는 건강에 도움이 되는 고유의 색을 가진 자연식품을 일컫는 말로, 색에 따라 각기 다른 영양소가 함유되어 있어요. 컬러푸드의 대명사는 단연 파프리카! 달고 아삭아삭해서 생으로 즐기기에도 그만이지요. 면역력에 좋은 빨간색부터, 눈에 좋은 주황색, 빈혈 예방엔 초록색, 혈관 건강에 좋은 노란색까지 골고루 먹으며 건강을 지켜요!

① 파프리카 2개는 반으로 자르고 1개는 ㄷ자 모양으로 자른 다음, 씨를 빼서 기차 몸체를 준비해요.

Tip ㄷ자 모양은 기차 앞칸으로 사용해요.

② 얇게 썬 오이 위에 반으로 자른 방울토마토를 올린 다음, 이쑤시개로 파프리카에 꽂아서 기차 바퀴를 만들어요.

③ 스팸을 얇게 잘라서 모양틀로 모양을 낸 다음, 프라이팬에 기름을 두르지 않고 구워요.

Tip 스팸은 끓는 물에 데쳐서 짠맛을 줄인 후 사용해요.

④ ①, ③에서 남은 파프리카와 스팸을 잘게 다져요.

⑤ 프라이팬에 식용유를 두르고 ④와 밥을 넣고 볶은 다음, 굴소스를 넣고 섞어요.

Tip 기호에 따라 굴소스 대신 케첩이나 간장 등으로 대체할 수 있어요.

⑥ 기차 모양의 그릇에 ⑤를 담고 ③으로 장식해서 완성합니다.

기차 타고 룰루랄라

흔한 재료라도 교육적 효과만큼은 으뜸인 색종이. 알록달록한 색을 쓰며 시각적인 자극이 되어 좋고, 오리고 찢고 붙이고 접는 활동은 소근육이 발달하는 데 도움이 되지요. 이미 색이 인쇄되어 있어 작품의 완성도가 높아지고, 성취감도 더욱 느낄 수 있답니다. 색종이를 오려 붙여 기차를 만들고, 기차 칸마다 다양한 이야기를 그려 넣어 보세요. 누가 탈까, 어디로 갈까, 무얼 하고 있을까… 상상의 실타래가 끝없이 이어질 거예요.

준비물 도화지, 색종이, 둥근 스티커, 채색 도구(사인펜, 색연필 등), 가위, 풀

① 색종이를 반으로 접은 다음, 반으로 잘라 주세요.

② ①을 펼쳐서 한쪽 면을 네모로 구멍 내어 창문을 만들어요.

Tip 반으로 접어서 ㄷ자로 자르면 쉽게 구멍 낼 수 있어요.

③ ②를 도화지에 붙이고, 아래쪽에 둥근 스티커를 붙여서 바퀴를 만들어요.

④ 바퀴 아래로 기찻길을 그리고, 색종이를 펼쳐서 기차에 타고 있는 사람들을 그려요.

⑤ 색연필로 칠하여 완성합니다.

내 가족을 소개합니다

딸기 바나나 크레페

'가족'은 아이들 교육에서 빠지지 않는 주제입니다. 태어나 가장 처음 접하는 인간관계인 가족과 그 안에서의 '나'를 이해하기 위한 필수 과정이지요. 알록달록한 색감이 가득한 《The Family Book》은 가족은 특별하고 소중한 존재이며, 어떤 가족의 모습이라도 존중해야 한다는 것을 일깨워 준답니다. 가족과 관련된 책을 읽었다면, 달콤한 딸기와 바나나로 크레페를 만들며 가족 이야기를 이어 나가 볼까요?

재료 지름 15cm 4개 분량

달걀 1개
설탕 10g
소금 1g
밀가루 50g (박력분)
우유 100mL
녹인 버터 10g
바나나 2개
딸기 5~6알
초콜릿 잼 약간
초코펜

도구

꼬치
체

① 밀가루를 곱게 체로 거른 다음, 달걀, 설탕, 소금을 함께 넣고 섞어요.

② ①에 우유와 녹인 버터를 넣고 덩어리 지지 않도록 섞어서 크레페 반죽을 준비해요.

Tip 반죽을 고운 체에 몇 번 거르면 덩어리 없게 만들 수 있어요.

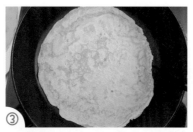

③ 프라이팬에 식용유를 살짝 두르고 반죽을 부어서 최대한 얇게 부쳐요.

Tip 젓가락으로 외곽을 정리하며 부치면 쉽게 뒤집을 수 있어요.

④ ③에 초콜릿 잼을 얇게 펴 바른 다음, 껍질을 벗긴 바나나를 올려서 말아요.

더 재밌어지는 토막 상식

프랑스 길거리에선 무얼 먹을까?

우리나라 대표 길거리 음식이 떡볶이라면, 프랑스 길거리 음식의 대표 주자는 크레페를 꼽을 수 있어요. 밀가루 반죽을 전병처럼 아주 얇게 구워서 과일이나 아이스크림 등 다양한 재료를 싸 먹는 음식인데, 본고장인 프랑스에서는 한 끼 식사로 애용할 만큼 대중적이랍니다. 평평한 돌판 위에 실수로 밀가루 반죽을 쏟은 것에서 크레페가 시작되었다니 참 재미있지요.

⑤ ④를 2~3cm 두께로 잘라 얼굴을 만들고, 딸기와 바나나로 몸통을 만들어 꼬치에 꽂아요.

⑥ 초코펜으로 눈코입을 장식해 완성합니다.

옹기종기 가족 나무

아이들이 생각하는 가족의 범위는 어디까지일까요? 어떤 아이는 같이 사는 가족만 떠올리는가 하면, 어떤 아이는 멀리 떨어져 있는 할머니, 할아버지까지 손꼽기도 합니다. 함께 사는 반려동물도 가족이라고 생각하는 아이도 제법 많지요. 가족 나무를 만들면 아이들이 가족 구성원에게 느끼는 심리적인 거리나 감정을 알 수 있어 좋답니다. 가족 얼굴에 영어로 팻말을 붙이고 소개하면서 자연스럽게 영어로도 확장해 보세요.

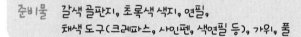

준비물　갈색 골판지, 초록색 색지, 연필,
채색 도구(크레파스, 사인펜, 색연필 등), 가위, 풀

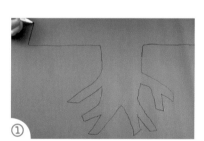

① 갈색 골판지의 매끈한 뒷면에 나무 기둥을 그려요. 이때 아랫부분은 둥글게 말 수 있도록 가로로 길게 그려요.

② ①을 스케치한 모양대로 오린 다음, 아랫부분을 동그랗게 말아서 붙여요.

③ 초록색 색지를 풍성한 나뭇잎 모양으로 잘라서 ②의 매끈한 뒷면에 붙여요.

④ 가족들 얼굴을 스케치해요.

⑤ 색연필과 사인펜 등으로 색칠해요.

⑥ 나무에 ⑤를 오려 붙이고, 그 아래 영어 이름도 함께 붙여서 완성합니다.

시간 묻고 답하기

시계 모양 라자냐

아이들에게 시간을 가르치는 것은 참 쉽지 않아요. 몇 번의 힘든 실랑이 끝에 찾은 방법은 아이들이 좋아하는 책을 읽어 주는 것이었답니다. 그중 《What's the time, Mr. Wolf?》라는 영어 동화책은 인터넷에서 노래도 쉽게 찾을 수 있어서 많은 도움을 받았어요. 시간 묻고 답하기를 재밌게 반복하다 보면, 어느새 중얼중얼 따라하는 아이들을 보게 될 거예요. 여기에 맛있는 음식까지 더해진다면 정말 완벽하겠죠?

재료 2인분

소고기 400g
양파 1개
가지 1/2개
당근 1/2개
라자냐용 파스타면 4~5장
모차렐라 치즈 300g
토마토소스 1컵
방울토마토 3개
블랙 올리브 2~3개
식용유, 소금, 후추 약간

도구
둥근 오븐 용기

① 양파, 당근, 가지는 잘게 다지고, 소고기는 갈아서 소금, 후추로 양념해요.

Tip 평소 잘 먹지 않는 채소를 함께 넣어요.

② 프라이팬에 식용유를 살짝 두르고 ①을 물기 없이 바짝 볶은 다음, 토마토소스를 넣고 끓여요.

③ 라자냐용 파스타면을 삶아요.

Tip 삶는 시간은 파스타면 포장지를 참고합니다.

④ 둥근 오븐 용기에 ③→②→모차렐라 치즈 순으로 2번 반복하여 담아서, 200℃로 예열된 오븐에 넣고 10~15분간 구워요.

Tip 오븐이 없으면 에어프라이어를 이용하고, 조리 환경에 따라 시간을 가감합니다.

넓적해서 썰어 먹는 라자냐

파스타는 면 종류가 굉장히 많아요 (184p). 넓은 직사각형 모양의 라자냐 면도 그중 하나! 라자냐 면과 각종 재료를 층층이 쌓은 다음 오븐에 구워서 만든 것이 라자냐랍니다. 옛날엔 파스타의 본고장인 이탈리아에서도 특별한 날에나 먹을 수 있었다고 해요. 스파게티는 포크에 둘둘 말아 먹는다면, 면이 넓적한 라자냐는 스테이크처럼 칼로 썰어 먹는다는 것도 알아 두세요!

⑤ 방울토마토는 반으로 자르고, 올리브는 잘게 썰고, 가지는 길게 잘라요.

⑥ ⑤의 재료를 올려 시계 모양으로 장식한 다음, 다시 오븐에 넣고 치즈가 노릇해질 때까지 5~10분간 더 구워서 완성합니다.

시간 개념 장착!

재밌는 책과 노래로 시간 묻고 답하는 법을 익혔다면, 이번엔 시계를 직접 만들어 시계 읽는 법을 본격적으로 익혀 볼까요? 할핀으로 시곗바늘을 연결하면 시침과 분침을 자유자재로 움직일 수 있어 편하고, 아이가 좋아하는 동물이나 캐릭터로 직접 만들면 세상 어디에도 없는 멋진 시계 교구가 탄생한답니다. 하루 일과를 말하며 시계로 표현하다 보면 시간에 대해 관심을 가지고, 시간 개념까지 이해할 수 있어 더욱 좋아요!

준비물 일회용 접시, 색종이, 숫자 스티커, 할핀, 유성매직, 가위, 풀

① 일회용 접시를 뒤집어서 3시간 간격으로 숫자 스티커를 붙여요.

② 스티커 사이에 매직으로 나머지 숫자를 써 주세요.

③ 색종이를 오려서 좋아하는 동물 모양으로 시계를 꾸며요.

④ 색종이를 오려서 시침과 분침 모양으로 만들어요.

⑤ 시곗바늘을 ③의 중앙에 할핀으로 고정하여 완성합니다.

사자 오므라이스

동물 이름은 한글을 배울 때나 영어를 배울 때나 공통으로 다루는 주제입니다. 한창 동물을 좋아하는 시기라 거부감 없이 받아들일 수 있지요. 하지만 카드로 단어를 주르륵 암기하는 식이라면 아이가 금세 지루해해요. 《Dear Zoo》처럼 동물이 주인공인 동화책으로 재밌게 익히는 건 어떨까요? 그리고 아이가 좋아하는 동물 모양의 오므라이스를 만들어 보는 거예요. 볶음밥을 달걀로 감싼 다음 동물의 특징을 표현하면 끝이랍니다.

144

재료 1인분

밥 200g (약 1공기)
소시지 1줄
양파 1/4개
호박 1/4개
파프리카 1/4개
당근 1/4개
감자 1/4개
달걀 1알
슬라이스 치즈 1장
케첩, 식용유, 김 약간

도구
둥근 모양틀

① 준비한 여러 가지 채소를 잘게 썰고, 소시지는 데쳐서 반은 둥근 모양을 살려 얇게 썰고 반은 잘게 썰어 준비합니다.

② 프라이팬에 식용유를 두른 다음, 동그랗게 자른 소시지를 제외한 나머지 재료를 볶아주세요.

③ ②에 밥과 케첩을 넣어 볶아요.

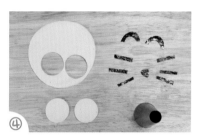

④ 슬라이스 치즈와 김을 잘라서 사자 콧잔등과 눈, 코, 수염을 준비해요.

오~ 빠른 남자!

오므라이스는 서양식 달걀부침인 '오믈렛'과 밥을 뜻하는 '라이스'가 합쳐진 말로, 케첩으로 맛을 낸 볶음밥을 달걀로 감싸서 만들어요. 오므라이스는 일본 요리지만, 오믈렛은 스페인에서 시작되었어요. 산책 중이던 스페인 왕이 민가에서 식사를 했는데, 달걀 하나로 재빨리 차려 낸 집주인에게 '빠른 남자'라는 뜻의 '오믈레스'라고 감탄한 것이 나중에 '오믈렛'이 되었답니다.

⑤ 달걀 지단을 부쳐 둥글고 오목한 그릇에 놓고 ③을 그 위에 눌러 담아요.

⑥ 넓은 그릇에 ⑤를 엎어서 담은 다음, 눈코입과 사자 갈기, 혓바닥을 표현하여 완성합니다.

145

따뜻한 동물원

요즘엔 동물원이 동물의 서식지와 비슷한 생태 동물원으로
바뀌는 추세지만, 여전히 차가운 쇠창살 안에 갇힌 동물들이
많아요. 아이들은 동물을 가까이 볼 수 있어 동물원 나들이를
좋아하면서도 동물이 불쌍하다며 울상 짓곤 하지요. 집으로
데려오고 싶다는 엉뚱한 말을 하기도 합니다. 동물을 좋아하
는 아이들과 함께 털실로 따뜻한 동물원을 만들면 어떨까요?
우리 속 동물의 입장이 되어 보는 것도 좋을 것 같아요.

준비물 도화지, 아이스크림 막대, 털실, 연필,
채색 도구(색연필, 사인펜 등), 가위, 목공풀 또는 글루건

① 아이스크림 막대를 위아래 2줄로 도화지에
붙여 우리를 만들어요.

② 연필로 다양한 동물들의 밑그림을 그려요.

③ 사인펜으로 테두리를 그려요.

④ 색연필로 동물들을 색칠해요.

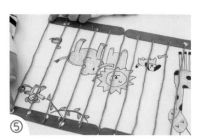

⑤ 목공풀로 털실을 붙여 우리를 완성합니다.

146

영어 노래 한번, 주먹밥 한입

거미 주먹밥

함께 들어요

'거미가 줄을 타고 올라갑니다'로 시작하는 동요는 원래 〈Itsy Bitsy Spider〉라는 서양 전래동요에 우리말 가사를 붙인 것이에요. 리듬이 쉽고 재밌어서 아이들 어릴 때 손유희 노래로도 익숙하지요. 이제까지 한글로만 불렀다면 영어로 도 들려줘 보세요. 어느새 흥얼거리고 있는 아이를 볼 수 있을 거랍니다. 이 노래와 딱 어울리는 메뉴가 있어요. 이름 하여 거미 주먹밥! 소고기 주먹밥에 김 가루로 까만 옷을 입히고 국수를 콕콕 꽂아 다리를 만들면 완성!

재료 3개 분량

밥 200g(약 1공기)
소고기 150g
소면 약간(스파게티면 가능)
조미김 4장(전지김)
마른 김 약간
슬라이스 치즈 1장
소고기 양념
(간장 2큰술, 설탕 1큰술, 참기름 1큰술)

참기름, 소금, 식용유 약간

도구

위생백
둥근 모양틀

① 소고기는 갈아서 양념한 다음, 달군 프라이팬에서 물기 없이 바짝 볶아요.

② 소면 또는 스파게티면을 식용유에 살짝 튀겨서 거미 다리를 준비해요.

Tip 소면을 튀길 때는 어른이 함께합니다.

③ 참기름과 소금으로 양념한 밥을 뭉쳐서 홈을 판 다음, 그 안에 ①을 넣고 동그랗게 주먹밥을 만들어요.

④ 위생백에 조미김을 넣고 잘게 부순 다음, ③을 넣고 굴려서 김 가루를 골고루 묻혀줍니다.

주먹처럼 둥근 우리나라 주먹밥

전 세계에 밥을 뭉쳐서 먹는 나라는 우리나라와 일본, 단 두 나라뿐이에요. 우리나라 주먹밥은 둥근 반면 일본의 오니기리는 세모난 모양이지요. 중국과 동남아시아도 쌀이 주식이지만 찰기가 없어 뭉쳐지지 않고, 날씨가 더워 주먹밥이 발달하지 않았답니다. 임진왜란이나 6.25 전쟁, 5.18 민주화운동 등의 국란과 역사적인 현장을 함께한 주먹밥은 이제 간단한 식사의 대표 메뉴가 되었지요.

⑤ 슬라이스 치즈와 김을 잘라서 거미 눈을 만들어 붙여요.

Tip 거미 눈을 붙일 때 마요네즈를 살짝 묻히면 잘 붙어요.

⑥ ②를 잘게 부러뜨리고 ⑤에 꽂아서 완성합니다.

꼬리를 무는 미술놀이

거미가 줄을 타고 올라갑니다

모빌이라면 보통 아기들 초점 맞추기 용도를 주로 생각하지요? 모빌은 몬드리안의 작품을 보고 추상미술의 매력에 빠지게 된 미국의 한 조각가가 몬드리안의 작품을 움직이게 하고 싶어 만든 게 시초라고 해요. 거미 주먹밥을 신나게 만들고 나서도 놀이에 고픈 아이와 함께 진짜 '줄을 타는' 거미를 만들어 보세요. 옷걸이에 거미를 매달아 만든 모빌은 그 자체로 멋진 장식품이 된답니다. 할로윈 장식으로도 최고!

준비물 검은 도화지, 털실, 옷걸이, 눈스티커,
가위, 풀, 셀로판테이프

① 검은 도화지를 동그랗게 잘라서 중심까지 가위로 잘라요.

② ①의 잘린 틈에 털실을 끼우고 셀로판테이프로 붙여요.

③ 종이를 고깔 모양으로 동그랗게 말아서 붙여요.

④ 검은 도화지로 거미 다리를 만들어 붙여요.

⑤ ④에 눈 스티커를 붙여요.

⑥ 같은 방법으로 크고 작게 여러 개 만든 다음, 옷걸이에 매달아 완성합니다.

오리토끼 햄버그스테이크

동물 캐릭터 밥상을 본 아이라면 누구나 "와!" 하고 환호성이 흘러나오지요? 그런 아이를 보며, 다음 메뉴 고민이 시작되는 엄마들에게 추천하는 캐릭터가 있어요. 《Duck! Rabbit!》 책을 보면, 오리 같기도 하고 토끼 같기도 한 재밌는 캐릭터가 나와요. 간단한 회화 표현 위주라 엄마가 읽어 주기에도 부담 없고, 아이들 상상력을 자극할 뿐 아니라 관점의 차이를 이해할 수 있는 멋진 책이지요. 책을 읽었다면 이제 캐릭터 밥상을 만들어 볼까요?

재료 3인분

소고기 300g
돼지고기 200g
양파 1개
빵가루 1컵
달걀 1알
케첩 1큰술
슬라이스 치즈 6장
밥 200g(약 1공기)
당근, 브로콜리 약간
마른 김 약간
식용유, 소금, 후추 약간

스테이크 소스

버터 1큰술
양파 1/2개
양송이버섯 1줌
케첩 3큰술
돈가스 소스 4큰술
설탕 1큰술
물 300mL

약 대신 먹었다고요?

햄버그스테이크처럼 고기를 다지거나 갈아서 만든 요리가 많이 있어요. 떡갈비, 동그랑땡, 완자, 미트볼, 미트로프 등 이름도 다양하고, 요리마다 재료와 요리 방법, 모양이 조금씩 다르답니다. 갈아서 양념하니 고기 특유의 잡내도 사라지고 소화도 잘되어 아이들 먹이기에 참 좋지요. 미국 남북전쟁 당시엔 설사를 앓는 병사들에게 약 대신 햄버그스테이크를 처방하기도 했다고 해요.

① 소고기와 돼지고기는 곱게 갈아서 소금, 후추로 양념하고, 양파 1개는 잘게 썰어서 프라이팬에 식용유를 두르고 노릇해질 때까지 볶아요.

Tip 양파를 볶아서 넣으면 반죽이 찰지고 풍미도 좋아져요.

② 볼에 ①을 모두 담고, 달걀, 빵가루, 케첩을 넣고 반죽을 치대요.

③ ②를 얼굴 모양의 타원형과 귀 모양의 기다란 타원형으로 만들어요.

Tip 스테이크 반죽을 충분히 치대야 모양을 잡기 좋아요.

④ 프라이팬에 식용유를 두르고 ③을 구워요. 고기가 다 익으면 슬라이스 치즈를 올린 다음, 불을 끄고 뚜껑을 덮어서 치즈를 녹여요.

Tip 고기가 어느 정도 익으면 프라이팬에 물을 조금 붓고 뚜껑을 닫고 익혀야 타지 않아요.

⑤ 냄비에 버터를 넣고 잘게 썬 양파, 양송이버섯을 볶다가 케첩, 돈가스 소스, 물, 설탕을 넣고 걸쭉하게 끓여서 소스를 만들어요.

Tip 스테이크 소스 분량을 참조하고, 기호에 따라 조절해 주세요.

⑥ 접시에 스테이크 소스를 담고 햄버그스테이크를 덕래빗 모양으로 올린 다음, 채소와 밥을 함께 담아서 완성합니다.

Tip 마른 김을 작게 잘라서 올리면 덕래빗의 눈이 표현됩니다.

책 모서리에 콕! 동물 책갈피

좋아하는 책이 있으면 열 번이고, 스무 번이고 반복해 읽고, 마음에 두었던 그림을 찾으려 책장을 뒤적거리는 아이들에게 추천하는 놀이가 있어요. 좋아하는 동물 모양의 책갈피를 만드는 거예요. 종이접기로 간단하게 책갈피를 접은 다음, 색종이를 오리거나 다양한 재료를 붙여서 동물 모양으로 꾸며 주면 끝! 책갈피를 사용하고 싶어서 책에 저절로 손이 가는 효과는 덤이랍니다.

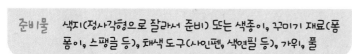

준비물 색지(정사각형으로 잘라서 준비) 또는 색종이, 꾸미기 재료(폼폼이, 스팽글 등), 채색 도구(사인펜, 색연필 등), 가위, 풀

① 정사각형 색지를 반으로 접어요.

② 양쪽 끝부분을 위로 접어 올려요.

③ ②에서 접은 부분을 다시 펼친 다음, 위를 한 겹만 아래로 내려 접어요.

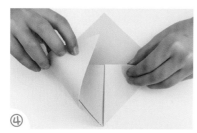

④ 양쪽 끝부분을 ③에서 생긴 틈으로 접어 넣어요.

⑤ 색지와 폼폼이, 사인펜 등으로 토끼 얼굴을 표현해요.

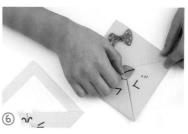

⑥ 같은 방법으로 오리 책갈피를 만들어요.

PART

특별한 날에 어울리는
특별한 요리

설날 윷놀이하며 먹어요~

윷 모양 떡꼬치

윷놀이는 삼국시대 이전부터 시작된 전통놀이로 설날부터 대보름까지 정월에 즐겼어요. 윷과 윷판, 윷말만 준비하면 언제 어디서나 할 수 있고, 놀이법도 간단해 아이부터 할머니, 할아버지까지 함께할 수 있지요. 지금은 놀이로 그 의미가 굳혀졌지만, 옛날엔 윷으로 점을 치거나 윷놀이로 한 해의 풍년을 기원하는 등 주술적 의미도 있었답니다. 이번 설날엔 가족들과 윷놀이를 해 보는 건 어떨까요? 윷놀이에 딱 어울리는 간식까지 준비하면 금상첨화!

재료 4개 분량

가래떡 2줄(10~15cm 길이)
호두 1큰술
슬라이스 아몬드 1큰술
꿀 1큰술
초코펜
식용유 약간

도구
밀대
지퍼백
꼬치 4개

① 가래떡의 단면이 반달 모양이 되도록 길이로 잘라서 꼬치에 끼워요.

Tip 꼬치를 끼울 때 기름을 살짝 바르면 쉽게 끼울 수 있어요.

② 프라이팬에 식용유를 두르고 ①을 살짝 구워요.

③ 견과류를 지퍼백에 넣고 밀대로 잘게 부숴서 견과류 가루를 만들어요.

Tip 밀대로 밀다가 지퍼백이 터질 수 있으니 지퍼백을 살짝 열어 주세요.

④ 구운 떡의 평평한 한쪽 면에 꿀을 바른 다음, 견과류 가루를 뿌려요.

무병장수를 기원하는 가래떡

가래떡은 둥글려서 가늘고 길게 만든 흰떡을 말해요. 가래떡의 기다란 모양에는 병 없이 건강하게 오래 살길 기원하는 의미를 담았어요. 설날 아침에 떡국을 먹은 것에도 의미가 있어요. 새하얀 가래떡으로 만든 떡국을 먹으며 백지처럼 새롭게 시작하자는 뜻이 있고, 옛날 화폐인 엽전 모양으로 썰어서 풍족해지기를 기원했답니다.

⑤ 떡을 뒤집고 윷 모양처럼 초코펜으로 X자를 그려서 완성합니다.

가족 맞춤형 윷놀이판

설날에 함께할 수 있는 놀이로 윷놀이만큼 좋은 것이 또 있을까요? 온 가족이 윷놀이판 주위에 둘러앉아서 윷가락을 던지며 상대편의 말을 잡고 제치다 보면 한두 시간쯤은 훌쩍 지나지요. 어른, 아이 모두 손에 땀을 쥐고 몰입하며 한마음이 된답니다. 이번 설엔 더욱 특별한 윷놀이를 준비해 보세요. 윷놀이판의 네 모서리와 중앙에 우리 가족들의 띠 그림을 그려 넣어서 우리 가족 맞춤형으로 만들어 보는 거예요.

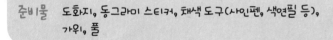
준비물 도화지, 동그라미 스티커, 채색 도구(사인펜, 색연필 등), 가위, 풀

① 도화지에 사각형과 대각선을 그려요.

② 사각형 꼭짓점과 중심점에 붙일 동물 모양을 그려요.

Tip 새해의 띠와 가족들 띠에 맞는 동물을 그려 보세요.

③ 동물을 오려서 붙인 다음, 동물과 동물 사이에 동그라미 스티커를 붙여요.

Tip 수직, 수평선에는 4개씩, 대각선에는 2개씩 붙여요.

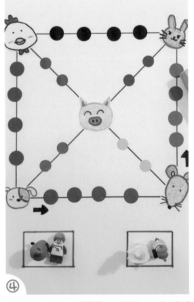

④ 화살표로 도는 방향을 표시하고, 각 팀의 말을 놓을 곳을 그려서 완성합니다.

158

모둠전으로 그린 풍경화

지글지글 소리와 함께 풍겨 오는 고소한 냄새의 주인공! 명절에 빠질 수 없는 단골 메뉴, 전이지요. 그런데 맛있는 냄새에 이끌려 온 아이들은 초록색이 조금 보이자마자 금세 얼굴을 돌려 버리곤 합니다. 채소를 싫어하는 아이들이라도 거부할 수 없는 방법, 어디 없을까요? 있어요, 여기! 예쁜 꽃밭으로 변신한 모둠전입니다. 아이들과 함께 만든 모둠전으로 풍성한 명절을 준비해 보세요.

재료 2인분

미니 파프리카 2~3개
아삭이 고추 2개
주키니 호박 1/2개
소고기 200g
두부 1/2모
밀가루 1컵
달걀 2알
홍고추 약간
식용유, 소금, 후추 약간

도구

나뭇잎 모양틀
넓은 그릇

① 두부는 물기를 꼭 짜고 소고기는 곱게 갈아서 함께 담고, 소금과 후추로 간을 하여 잘 치대 줍니다.

② 미니 파프리카는 모양을 살려 얇게 썬 다음, ①을 채워서 동그랑땡을 만들어요.

③ 아삭이 고추를 얇게 썰어 씨를 없애고, ②와 같은 방법으로 동그랑땡을 만들어요.

④ 주키니 호박은 껍질 부분을 두껍게 잘라서 나뭇잎 모양을 냅니다.

Tip 안전하게 나뭇잎 모양틀을 이용합니다. 칼을 이용할 때는 반드시 엄마의 도움이 필요해요.

전은 부침개랑 다른 건가요?

전과 부침개는 같아요. 생선이나 고기, 채소 등을 얇게 썰거나 다져 양념을 한 뒤, 밀가루를 묻혀 기름에 지진 음식을 '전'이라고 불러요. 여기서 '전'은 '지지다', '부치다'는 뜻의 한자로, 우리말로는 '부침개'나 '지짐개', '지짐이'로 부른답니다. 옛날 궁중에서는 '기름에 지져낸 꽃'이라는 뜻으로 '전유화'로도 불렀다고 해요.

⑤ 준비한 재료에 밀가루→달걀물 순으로 부침옷을 입히고 홍고추를 올린 다음, 프라이팬에 식용유를 두르고 부쳐요.

Tip 호박은 색이 잘 나타나도록 밑면에만 부침옷을 입혀요.

⑥ 넓은 접시에 올려서 꽃이 활짝 핀 풍경을 표현합니다.

Tip 키친타올에 먼저 올려서 기름기를 제거해주세요.

나만의 복주머니

옛날 복주머니에는 무엇을 넣었을까요? 돈을 넣었을 것 같은데 아니에요. 정답은 곡식! 조선 시대 궁중에서는 특별한 날이 되면 복주머니에 콩을 담아 신하들에게 주었답니다. 농경 문화권인 우리나라에서 곡식은 복을 의미하기 때문이지요. 선조들은 복주머니에 복을 기원하는 글자나 그림을 수놓아 사용했지만, 우리는 아이들에게 친근한 캐릭터로 복주머니를 만들어 보는 건 어떨까요?

준비물 펠트지, 털실, 꾸미기 재료(스팽글, 스티커, 단추, 리본 등), 가위, 펀칭기, 글루건

① 펠트지 2장을 겹쳐 놓고 복주머니 모양을 그려 주세요.

② 밑그림을 따라 가위로 오려요. 2장을 겹친 상태로 자르도록 합니다.

③ 복주머니 가장자리를 펀칭기로 구멍 낸 다음 털실로 꿰어 줍니다.

④ 좋아하는 캐릭터 모양으로 펠트지를 오린 다음, 글루건을 이용해 붙여요.

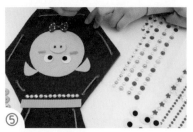

⑤ 사인펜, 스티커, 스팽글, 리본 등으로 복주머니를 장식하여 완성합니다.

추석맞이 꽃 송편

음력 8월 15일은 우리나라의 대표 명절 중 하나인 추석이에요. '가을의 한가운데 있는 명절'이라는 뜻으로 '중추절'이나 '한가위'로도 부르지요. 삼국시대부터 우리 조상들은 새로 거둬들인 곡식과 햇과일들로 차례를 지내며 한해 풍요로움에 대한 감사를 올리고 다음 해 풍년을 기원했답니다. 추석의 대표 음식은 뭐니 뭐니 해도 송편! 모두 둘러앉아서 도란도란 이야기꽃을 피우며 꽃 모양의 송편을 만들어 볼까요?

재료 약 20개 분량

쌀가루 400g
백년초가루 1작은술
쑥가루 1작은술
단호박가루 1작은술
참기름 약간
송편 소 2큰술
(깻가루 1큰술, 흑설탕 1큰술 섞기)

도구

찜기
체

① 쌀가루를 체에 곱게 걸러서 그릇 4개에 나눠 담고, 3곳에 각각 준비한 천연가루를 넣어요.

② 색깔별로 뜨거운 물을 넣어 익반죽하고 젖은 면포로 덮어놓아요.

Tip 뜨거운 물은 쌀가루의 반 정도를 넣어요.

③ 반죽을 조금 떼어 동그랗게 홈을 파서 송편 소를 넣고 동글납작하게 빚어요.

Tip 기호에 따라 송편 소에 꿀을 넣어도 좋아요.

④ ③을 꼬치로 눌러서 꽃 모양으로 다듬어요.

반달 모양의 송편을 먹는 이유

송편 모양에 얽힌 재밌는 이야기가 있어요. 백제 의자왕은 '백제는 보름달, 신라는 반달'이라는 글귀가 등에 적힌 거북이를 발견했어요. 의자왕이 점술가에게 글귀의 뜻을 묻자, 점술가는 '백제는 이제 기울 것이고, 신라는 점점 커질 것이다.'라고 답했어요. 결국, 그 점술가는 처형되었지요. 이야기는 신라에까지 퍼졌고, 신라 사람들은 신라의 번창을 기원하며 반달 모양의 떡을 빚었답니다.

⑤ 다른 색 반죽으로 꽃술과 잎을 만들어 붙여주세요.

⑥ 찜기에 15~20분가량 찐 다음 참기름을 발라서 완성합니다.

Tip 참기름 냄새가 강하지 않게 하려면, 물과 참기름을 1:1로 섞어서 발라요.

온 가족이 함께 투호 놀이

명절을 맞아 모처럼 일가친척들이 모였는데, 어른들은 말없이 티브이를 보고 아이들은 게임기에 붙어 있는 모습. 요즘 흔히 볼 수 있는 명절 풍경이지요. 함께할 놀이가 마땅찮다면, 투호 놀이 어떨까요? 투호는 항아리에 화살을 던져 넣는 전통놀이로, 편을 갈라서 어느 편이 많이 넣는지 겨루면 재밌답니다. 우유갑이나 휴지 상자를 전통문양으로 장식하고 나무 꼬치에 깃털을 붙여 만들면 근사하게 즐길 수 있어요!

준비물　우유갑 또는 휴지 상자, 색지, 전통문양 프린트, 하드보드지, 나무 꼬치, 깃털, 색연필, 커터칼, 가위, 풀, 검은 테이프

① 우유갑이나 휴지 상자를 적당한 길이로 잘라서 준비해요.

Tip 커터칼 사용이 위험하니 어른이 도와주세요.

② ①의 옆면을 색지로 감싸서 붙여요.

③ ②의 모서리에 검은 테이프를 붙여서 깔끔하게 정리해요.

④ 전통문양을 프린트하여 색칠한 다음, ③의 앞뒷면에 오려 붙여서 장식해요.

Tip 인터넷에서 '전통문양'을 검색하면 쉽게 찾을 수 있어요.

⑤ 하드보드지에 ④를 붙여요.

⑥ 나무 꼬치에 깃털을 붙여서 화살을 완성합니다.

165

알록달록 양갱 꼬치

우리나라 최초의 현대식 과자는 무엇일까요? 1945년, 해태제과에서 생산한 '연양갱'으로 팥앙금에 한천과 설탕을 넣고 졸여서 젤리처럼 만든 양갱이랍니다. 지금은 과자를 비롯한 간식거리가 다양해 양갱을 안 먹어 본 아이들도 많지만, 명절 때나 한과를 먹을 수 있었던 옛날엔 최고의 과자였겠지요. 이번 추석엔 마트에서 쉽게 구할 수 있는 연양갱 말고, 백앙금과 천연색소로 알록달록한 양갱을 만들어 명절 다과상을 준비하면 어떨까요?

재료 작은 크기로 45알 분량

백앙금 300g
한천 가루 15g
백년초 가루 1작은술
쑥 가루 1작은술
단호박 가루 1작은술
설탕 3큰술

도구

꼬치
초콜릿 몰드

① 한천 가루 15g을 물 500mL에 넣고 30분
이상 불려요.

Tip 단단한 양갱을 원하면 한천 가루를 조금
더 넣어요.

② 백앙금을 3등분하여 백년초 가루, 쑥 가루,
단호박 가루를 1작은술씩 각각 섞어요.

③ 냄비에 ②를 천연가루 색깔별로 넣고, ①의
한천물 1컵, 설탕 1큰술씩 섞어서 끓여요.

Tip 냄비에 눌어붙지 않도록 계속 저어야 해요.

④ 초콜릿 몰드에 ③을 넣은 다음, 1시간 이상
냉장고에 넣어서 완전히 굳혀 주세요.

양갱이 양고기 국물이었다니!

양갱의 한자를 풀이하면 '양고기 국'을
뜻한다고 해요. 기원전 중국의 후이족
이 양의 피와 고기를 넣어 끓인 국이 다
름 아닌 양갱이었답니다. 오늘날 우리
가 먹는 양갱은 1500년경 일본에서 처
음 만든 것으로 '양고기 국처럼 맛이 최
고'라는 뜻을 담아 '양갱'이라고 이름을
붙였어요. 재료도 맛도 완전히 다른 음
식이 이렇게 연결되어 있다니 참 재미
있지요?

⑤ 초콜릿 몰드에서 양갱을 꺼낸 다음, 꼬치에
끼워서 완성합니다.

매난국죽 병풍

우리 조상님들은 웃풍을 막거나 방을 장식할 용도로 병풍을 쳤어요. 보통은 기다란 나무틀을 여러 폭 연결하여 폈다 접었다 할 수 있게 하고, 나무틀 위에는 그림이나 글씨를 써서 붙였답니다. 우리는 사군자로 일컫는 매화, 난초, 국화, 대나무를 한지에 먹물로 그려서 줄줄이 병풍을 만들어 보도록 해요. 붓 대신 면봉을 이용하면 새로운 도구라 재미를 느낄 수 있고, 붓질에 익숙하지 않은 아이들도 쉽게 할 수 있을 거예요.

준비물 매난국죽 프린트, 검은 도화지(16절지), 포장지, 한지, 먹물, 물감, 면봉, 가위, 풀

① 검은 도화지를 4등분으로 접어요.

Tip 종이접기 방법 중 대문 접기를 하면 편해요.

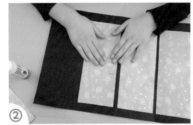

② 검은 도화지를 4등분한 면보다 포장지를 작게 잘라서 ①에 붙여요.

③ 포장지보다 한지를 더 작게 잘라서 ②에 붙여요.

④ 면봉에 먹물을 찍어서 사군자를 그려요.

Tip 매화의 가지, 난초의 잎, 국화의 줄기, 대나무의 줄기와 가지 등을 먹물로 표현해요.

⑤ 물감으로 매화, 난초, 국화의 꽃 부분과 대나무 잎을 표현하여 완성합니다.

너의 생일을 축하해

밥알 그대로 생일 케이크

일 년에 단 한 번뿐인 생일에 빠지지 않고 등장하는 음식은 뭐니 뭐니 해도 케이크지요. 제과점 케이크는 매번 똑같아 지겹고, 쌀가루로 만든 라이스 케이크도 별반 다를 것 없어 식상하다면? 밥으로 색다른 케이크를 준비해 보세요. 떡이나 빵 대신 밥을 깔고 아이들이 좋아하는 식재료를 층층이 깔면 모양도 맛도 그럴싸하게 완성된답니다. 손바닥 크기로 작게 만들면 라이스 버거처럼 편히 먹을 수 있어서 한 끼 식사로 딱 좋아요!

169

재료 2~3인분

밥 400g(약 2공기)
당근 1개
참치통조림 2개(300g)
시금치 1줌
슬라이스 치즈 1장
슬라이스 햄 1장
마요네즈 2큰술
식용유, 소금, 참기름 약간

도구
둥근 케이크 틀
알파벳 모양틀
케이크 장식물(토퍼)

① 프라이팬에 식용유를 두른 다음, 잘게 썬 당근에 소금을 한 꼬집 넣고 살짝 볶아요.

② 참치는 기름을 뺀 후 마요네즈를 섞고, 시금치는 데치고 잘게 썰어서 참기름, 소금으로 양념해요.

Tip 재료의 물기와 기름기를 잘 제거해야 케이크의 모양이 흐트러지지 않아요.

③ 고슬고슬하게 지은 밥에 참기름과 소금을 넣고 간을 맞춰요.

④ 둥근 케이크 틀에 밥→당근→밥→시금치→밥→참치→밥 순으로 얇게 잘 눌러 담아주세요.

Tip 케이크 틀이 없으면 바닥이 평평한 냄비에 위생랩을 깔고 만들어 보세요.

케이크의 촛불을 불어서 끄는 이유

생일날 케이크를 준비하는 건 2천 년도 훨씬 넘은 관습이에요. 기록에 의하면, 고대 그리스인들은 달의 여신 아르테미스의 생일 제물로 케이크에 촛불을 꽂아서 바쳤답니다. 그런데 왜 케이크에 초를 꽂아 소원을 빈 다음 촛불을 불어서 끄는 것일까요? 의견이 분분하지만, 촛불을 끌 때 피어오르는 연기에 소원이 함께 실려서 하늘로 전달된다고 믿었답니다.

⑤ 케이크 틀을 뒤집어서 밥 케이크를 꺼낸 다음, 슬라이스 햄과 슬라이스 치즈를 모양틀로 찍어서 장식해요.

⑥ 생일축하 문구와 도형 등 케이크 장식물을 꽂아서 완성합니다.

스텐실 팡팡 딸기 케이크

생일날 2단 딸기 케이크를 받고 싶다는 아이와 함께 스텐실 기법으로 케이크를 만들었어요. 스텐실은 두꺼운 종이나 판에 글자나 무늬를 파낸 다음, 그 구멍에 물감을 넣어 찍는 기법을 말해요. 스텐실을 이용하면 하나의 도안으로 원하는 만큼 많이 찍어 낼 수 있지요. 종이 빨대와 폼폼이로 초까지 만들어 붙이니 사랑스러운 케이크 완성! 처음엔 먹을 수 없다고 아쉬워하던 아이가 오래 보관할 수 있다며 기뻐했답니다.

준비물 종이 상자 2개, 색지 또는 포장지, 도일리 페이퍼, 도화지, 물감, 스펀지, 종이 빨대, 폼폼이, 유성매직, 가위, 글루건, 풀

① 도화지를 딸기 모양으로 크고 작게 구멍을 내서 스텐실 도안을 만들어요.

Tip 아이가 좋아하는 과일로 바꾸면 더 좋아요.

② 색지로 감싼 종이 상자 위에 스텐실 도안을 놓고, 빨간색 물감을 스펀지에 묻혀서 찍어 주세요.

③ 매직으로 딸기 꼭지와 씨를 그려요.

④ 도일리 페이퍼를 상자 윗면에 붙여요.

⑤ 상자 2개를 붙인 다음, 폼폼이로 꾸며요.

⑥ 종이 빨대와 폼폼이로 초를 만들어 붙여서 완성합니다.

사랑이 퐁퐁 샘솟는

스위트 홈 샌드위치

가정의 달 5월엔 가족 관련된 행사와 이벤트가 줄을 짓지요. 그런데 모처럼 아이와 함께 집을 나섰다가도 어딜 가나 붐비는 인파에 지쳐서 돌아오곤 합니다. 가족의 사랑을 느끼고 표현하는 장소가 꼭 밖이어야 하는 법 있나요? 남들이 준비해 준 이벤트 말고, 우리 가족이 직접 준비한 이벤트가 더 값지지 않을까요? 이번 어린이날엔 평범한 재료에 가족의 사랑을 듬뿍 담은 샌드위치로 아주 특별하게 보내 보자고요!

재료 1개 분량

식빵 4장
(서로 다른 색으로 2장씩 준비)

슬라이스 치즈 1~2장
방울토마토 2알
알 초콜릿 6개
크림치즈, 딸기잼 약간
초코펜
김, 검은깨, 브로콜리 약간

도구
둥근 모양틀
이쑤시개

① 식빵 2장은 테두리를 잘라서 마른 프라이팬에 살짝 구워요.

Tip 식빵을 살짝 구워야 다음 과정에서 창문 모양으로 자를 때 찢어지지 않아요.

② ①의 식빵 1장은 구멍 내어 네모난 창문을 만들고, 다른 1장은 크림치즈를 발라서 겹쳐요.

③ 다른 식빵 2장은 세모 모양으로 자른 다음, 한쪽에 딸기잼을 발라서 겹쳐요.

Tip 아이가 좋아하는 다른 잼이나 스프레드를 이용해도 됩니다.

④ 슬라이스 치즈를 동그랗게 잘라서 김, 검은깨 등으로 가족 얼굴을 표현합니다.

Tip 물을 살짝 묻힌 이쑤시개로 검은깨를 붙이면 편해요.

선물 주는 날? 어린이를 존중하는 날!

어린이날이라면 으레 아이들에게 선물 주는 날로 생각하지요? 하지만 1923년 '어린이날'이라는 이름으로 기념하기 시작한 이유는 어린이를 하나의 인격체로 보호하고 존중하기 위해서였어요. 일제강점기였던 당시, 일제의 탄압으로 행사가 금지되며 취지가 퇴색하기도 했지만, 1945년 해방 후로 다시 이어져 지금에 이르고 있답니다.

⑤ 초코펜과 알 초콜릿으로 지붕을 표현해요.

⑥ 그릇에 샌드위치를 올리고, 방울토마토와 브로콜리, 슬라이스 치즈 등으로 꾸며서 완성합니다.

아이 시선으로 지은 집

집은 추위나 더위 같은 외부 환경으로부터 신체를 보호하는 물리적인 공간 이상의 의미를 지녀요. 지친 몸을 넘어 마음까지 치유하는 안식처이고, 가족들과 정을 나누고 추억을 쌓는 정서적인 공간이지요. 집의 구조를 결정하거나 꾸미는 일은 대부분 어른 몫이지만, 가정의 달을 맞이하여 아이의 시선으로 아이가 생각하는 멋진 집을 만들어 보면 어떨까요? 집과 가족에 대한 아이 마음을 알 수 있는 소중한 시간이 될 거예요.

준비물 하드보드지, 물감, 붓, 꾸미기 재료(천 조각, 스티커 등), 사인펜, 가위, 커터칼, 풀

① 하드보드지를 오려서 똑같은 크기의 집을 2개 준비해요.

Tip 택배 상자를 잘라서 사용해도 좋아요.

② 물감으로 지붕과 몸체를 칠하여 완전히 말려 주세요.

③ 창문, 방문 등을 잘라서 만들어요. ⑤에서 중심선을 자르니 중심선은 피해 주세요.

Tip 두꺼운 하드보드지를 커터칼로 자르는 것은 어른이 하도록 합니다.

④ 사인펜, 스티커, 천 조각 등을 이용해 집의 앞뒷면을 꾸며요.

⑤ 집 하나는 지붕 끝에서 중심까지 자르고, 다른 하나는 바닥에서 중심까지 잘라요.

⑥ ⑤에서 자른 부분을 열십자 모양으로 끼워서 완성합니다.

부모님을 위한 특급 선물

카네이션 초밥

어버이날 부모님께 카네이션을 드리는 풍습은 1907년 미국의 한 여성이 어머니를 추모하러 모인 이웃들에게 흰 카네이션을 나눠 준 것에서 유래했어요. 이후 미국 정부가 어머니날을 기념일로 정했고, 어머니가 살아계시면 빨간 카네이션을, 돌아가셨으면 흰 카네이션을 달고 행사를 열었답니다. 우리나라는 살아계신 부모님께 빨간 카네이션을 달아드리고 있지요. 매년 돌아오는 어버이날, 이번엔 조금 색다르게 카네이션 모양의 초밥을 만들면 어떨까요?

재료 3개 분량

밥 100g(약 1/2공기)
슬라이스 햄 6장
오이 1/2개
빨간 파프리카 1/2개
상추 3장
김 2장
날치알 1큰술
마요네즈 1큰술
배합초 1큰술
(식초:설탕:소금=3:2:1로 섞어서)

① 슬라이스 햄을 데쳐서 반으로 접은 다음, 접힌 부분에 칼집을 내요.

처음보다 올려 말아요!

② 길게 자른 파프리카 2~3개에 ①을 2장씩 말아서 꽃을 만들어요.

Tip 슬라이스 햄을 두 번째 말 때는 처음보다 올려 말아서 위로 갈수록 두껍게 표현해요.

③ 밥은 배합초를 섞어 준비하고, 날치알을 마요네즈에 넣어 날치알 소스를 만들어요.

④ 김은 길이로 2등분하여 한쪽에 밥을 올리고, 날치알 소스를 발라요.

Tip 밥을 많이 올리면 예쁘게 말아지지 않으니 조금만 올리도록 합니다.

카네이션 색마다 꽃말이 달라요

카네이션은 보통 빨강을 떠올리는데, 색도 다양하고 색에 따라 꽃말도 다 달라요. 빨간 카네이션은 '어버이에 대한 사랑', 분홍색은 '감사와 아름다움', 주황색은 '순수한 사랑', 파랑색은 '행복', 보라색은 '기품과 자랑'을 뜻하여 부모님이나 스승님께 선물하기 좋지요. 그런데 흰색은 '고인에 대한 사랑', 노란색은 '경멸'을 뜻하니 감사의 선물로는 피해야 한답니다.

⑤ ④ 위에 상추와 길게 자른 오이를 올린 다음, 맨 위로 ②를 올려요.

⑥ ⑤를 삼각형 모양으로 말아서 완성합니다.

Tip 끝부분에 밥알을 발라서 붙이면 풀어지지 않아요.

꽃보다 채소 도장

요리하고 남은 자투리 채소, 이제 버리지 마세요! 알배추나 상추, 청경채 같은 포기 채소의 밑동을 잘라서 단면을 도장으로 찍으면 꽃보다 아름다운 모양이 나온답니다. 이렇게 도장을 찍어 말렸다가 잎을 그리고 감사 편지까지 쓰면 색다른 어버이날 카드를 만들 수 있어요. 준비도, 방법도 간단해서 봄철 미세먼지 심한 날 실내놀이로도 딱 좋지요. 늘 먹던 익숙한 음식 재료를 미술 재료로 활용하는 것도 재밌는 경험이 될 거랍니다.

준비물 포기 채소 밑동, 색지, A4 용지, 색종이, 물감, 사인펜, 가위, 풀

① 포기 채소를 뿌리에서 잎 방향으로 3~4cm 윗부분을 잘라서 도장을 만들어요.

② ①에 물감을 묻혀서 A4 용지에 찍어요.

Tip 채소 도장을 냅킨 위에 올려서 물기를 없애고 찍으면, 색이 잘 나와요.

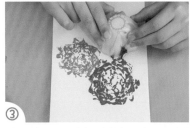

③ 다른 색으로 도장을 찍어서 풍성한 꽃다발이 되도록 해요.

④ 색지를 반으로 접은 다음 ③을 붙여요.

⑤ 사인펜과 색종이로 꽃다발을 꾸며요.

⑥ 반으로 접은 색지 안쪽에 편지를 써서 카드를 완성합니다.

해피 핼러윈~

유령 브라우니

부활절, 크리스마스와 함께 서양의 대표 축제 중 하나인 핼러윈. 고대 켈트족은 한 해의 마지막 날인 10월 31일(켈트족의 새해는 11월 1일)이면 죽은 영혼이 찾아온다고 믿었어요. 악령으로부터 자신을 보호하기 위해 유령, 마녀 등으로 변장한 것이 핼러윈 풍습으로 자리 잡았답니다. 최근엔 우리나라에서도 핼러윈 파티를 많이 하면서, 아이들에게 익숙하게 되었지요. 이번 핼러윈엔 유령 모양의 브라우니로 '트릭 오어 트릿(Trick or Treat)'을 준비해 볼까요?

재료 5cm 크기 8개 분량

다크 초콜릿 150g
버터 130g
설탕 150g
밀가루 80g(박력분)
달걀 2개
코코아 파우더 30g
생크림 300g
초코펜

도구

사각 오븐 용기
짤주머니
핸드 믹서(휘핑용)
체

① 분량의 다크 초콜릿과 버터를 함께 넣고 중탕으로 녹여요.

Tip 뜨거운 물이 담긴 큰 그릇에 초콜릿과 버터가 담긴 그릇을 넣고 잘 저어 주면 됩니다.

② 큰 볼에 달걀 2개, 설탕 120g을 넣고 섞은 다음, ①을 넣어 골고루 잘 섞어요.

Tip 사용하고 남은 설탕은 휘핑 크림을 만들 때 사용합니다.

③ 밀가루와 코코아 파우더를 체로 곱게 쳐서 ②에 넣고, 가루가 안 보일 때까지 섞어서 브라우니 반죽을 만들어요.

④ 오븐 용기에 반죽을 담은 다음, 170℃로 예열한 오븐에 넣고 25~30분 구워 줍니다.

Tip 사각 모양의 용기를 사용하면 브라우니를 자르기 편해요.

과자 안 주면 장난칠 거야!

서양 영화를 보면 아이들이 밤에 마녀나 유령 복장을 하고 동네를 돌아다니면서 '트릭 오어 트릿!'을 외쳐요. '과자 안 주면 장난칠 거야!'라는 뜻으로 방문받은 집에선 사탕과 초콜릿, 쿠키 등을 바구니에 채워 주지요. 원래는 가난한 사람들이 부잣집에서 '소울 케이크'라는 둥근 케이크를 얻고, 답례로 기도해 주던 풍습에서 비롯되었답니다.

⑤ 브라우니를 사각형으로 잘라서 식혀요. 생크림에 설탕을 넣고 휘핑하여 짤주머니에 넣은 다음, 꼬마 유령 모양으로 짜 주세요.

Tip 브라우니가 완전히 식지 않은 상태로 생크림을 올리면 녹아내릴 수 있어요.

⑥ 초코펜으로 꼬마 유령의 눈과 입을 표현하여 완성합니다.

핼러윈 장식걸이

'핼러윈' 하면 가장 먼저 떠오르는 것은 주황색 호박등 아닐까요? 호박 속을 파내고 껍질을 무서운 악마 표정으로 조각한 '잭오랜턴'인데, 악령이 집으로 들어오지 못하게 불을 밝힌 풍습에서 유래했어요. 이 밖에도 꼬마 유령이나 거미, 박쥐, 마녀도 핼러윈의 상징으로 많이 등장한답니다. 핼러윈 행사에 가지 않더라도 집에서도 핼러윈을 즐길 방법이 있어요. 핼러윈을 대표하는 주황색, 검은색, 흰색 색종이만 준비하면 끝!

준비물 색종이(검은색 6장, 주황색 8장), 흰 종이, 유성매직, 털실, 가위, 풀, 스테이플러

① 색종이를 계단 접기로 접은 다음 부채처럼 반으로 접어요.

② 스테이플러나 풀로 3개씩 이어 붙여서 동그랗게 만들어요. 나머지 색종이도 마찬가지로 만들어 주세요.

③ 흰 종이에 유령을 그리고, 주황색 종이에 호박을 그려서 오려요.

④ ② 위에 ③을 붙여요.

⑤ ④에 털실로 끈을 만들면 완성됩니다.

깻잎 페스토로 맛도 향도 Up Up~

크리스마스 리스 파스타

파스타는 보통 국수처럼 가늘고 긴 스파게티를 먼저 떠올리게 되는데, 스파게티는 수백 개가 넘는 파스타 면의 한 종류일 뿐이랍니다. 이번 크리스마스엔 흔히 먹던 스파게티 대신에 샐러드용으로 자주 쓰이는 짧은 파스타 면으로 크리스마스 파티 음식을 준비해 보세요. 향긋한 깻잎으로 만든 페스토 소스를 파스타 면에 입혀서 초록색을 표현하고, 빨간 방울토마토까지 올려 주면 크리스마스 리스 느낌이 물씬 나는 파스타 완성!

재료 1인분

숏 파스타 면 120g
(푸실리, 파르팔레, 콘킬리에, 펜네 등)

깻잎 10장
올리브유 3~4큰술
호두, 아몬드 1큰술씩
(잣, 땅콩 등으로 대체 가능)

소금 1큰술
다진 마늘 약간
치즈 가루 2큰술
방울토마토 2~3개
슬라이스 치즈 1장

도구
별 모양틀
믹서기

① 깻잎은 깨끗이 씻어서 꼭지를 떼어 냅니다.

② 깻잎, 견과류, 올리브유, 다진 마늘을 믹서기에 넣고 갈아서 페스토를 만들어요.

③ 파스타를 삶아 준비해요.

Tip 소금 1큰술을 넣고 삶아요.

④ 삶은 파스타에 ②와 치즈 가루를 넣어 버무려요.

Tip 남은 페스토는 빵에 발라 먹거나 스테이크 소스로 먹을 수 있어요.

면 종류만 수백 개가 넘는다니!

파스타는 밀가루와 달걀로 반죽한 면을 통틀어서 말해요. 알려진 면의 종류만 해도 200가지가 넘는다니 어마어마하지요. 길고 얇은 '스파게티', 칼국수 같은 '링귀네', 짧은 튜브 모양의 '마카로니', 펜촉처럼 뾰족하게 자른 '펜네', 나비 모양의 '파르팔레', 고둥 모양의 '콘킬리에' 등 모양도 다양해요. 이탈리아는 파스타의 나라답게 파스타 모양만 연구하는 직업이 있답니다.

⑤ 접시 가운데에 둥근 그릇을 올린 다음, 그릇 주변으로 리스 모양처럼 동그랗게 ④를 둘러 담아요.

⑥ 방울토마토는 반으로 자르고 슬라이스 치즈는 모양틀로 모양을 낸 다음, ⑤ 위에 올려서 완성합니다.

Tip 가운데 둥근 그릇은 요리를 마친 후 빼내요.

행운을 부르는 크리스마스 리스

방문이나 현관문에 거는 둥근 화관 모양의 장식품을 '리스'라고 해요. 서양에서는 액운을 막고 행운을 기원하며 리스를 걸었답니다. 우리나라 전통 풍습에 설날이 되면 한 해의 복을 빌며 새 복조리를 걸어 두는 것처럼 말이에요. 이번 크리스마스에는 시중에서 파는 비슷비슷한 리스 대신에 아이와 함께 리스를 만들어 보는 건 어떨까요? 소박하지만 특별한 우리만의 리스로 크리스마스를 맞이하는 거예요!

준비물 초록색 도화지, 흰 종이, 채색 도구(색연필, 사인펜 등), 가위, 풀, 셀로판테이프

① 초록색 도화지를 반으로 접은 다음, 한 번 더 접어요.

② ①을 한 번만 펴서 가운데 접힌 부분부터 가위로 1cm 간격으로 잘라요.

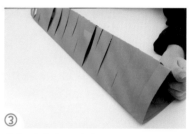

③ ②를 펼친 다음, 가위질하지 않은 부분끼리 모아서 삼각형 모양으로 만들어요.

④ ③을 동그랗게 모아서 셀로판테이프로 붙여요.

⑤ 흰 종이에 크리스마스 장식물을 여러 개 그려요.

⑥ ⑤를 ④에 오려 붙여서 완성합니다.

초록빛 아보카도로 만든

트리 오픈 샌드위치

고소하고 영양이 풍부해 '숲속의 버터'로 불리는 아보카도. 샐러드나 샌드위치, 비빔밥에 함께 넣어서 주로 먹지만, 특유의 밍밍하고 느끼한 맛 때문에 싫어하는 아이들도 제법 많지요. 영양 만점인 아보카도를 먹고 싶은 엄마들에게 추천하는 메뉴가 있어요. 아보카도의 초록빛 과육을 얇게 썰어서 크리스마스트리 모양으로 올린 트리 오픈 샌드위치랍니다. '크리스마스'라면 뭐든 '오케이'를 외치는 아이들의 흥미와 함께 입맛까지 끌어낼 수 있겠지요?

재료 1개 분량

호밀 식빵 1장
게맛살 2줄
아보카도 1/2개
파프리카 약간(빨간색, 노란색)
마요네즈 1큰술
슬라이스 치즈 1장
사워크림 약간

도구
별 모양틀

① 게맛살을 잘게 찢어 마요네즈를 섞은 다음, 살짝 구운 식빵에 세모 모양으로 올려요. 이때 아랫부분은 살짝 남겨 주세요.

Tip 트리의 느낌을 살리려면 호밀 식빵을 사용하면 좋아요.

② 아보카도를 얇게 썬 다음, ① 위에 살짝씩 겹쳐서 올려요.

Tip 초록색 과육 부분을 같은 방향으로 올려서 트리처럼 보이도록 합니다.

③ ②를 트리 모양으로 자른 다음, 잘게 썬 파프리카를 올려서 장식해요.

④ 슬라이스 치즈를 모양틀로 찍어서 별 모양을 만들어요.

아보카도는 채소일까? 과일일까?

채소인지 과일인지 헷갈리는 작물들이 있어요. 대표적인 딸기, 수박, 토마토, 참외 등은 풀에서 난 채소랍니다. 잎이나 뿌리를 먹지 않고 달콤한 열매를 먹는 채소라 꼭 과일 같지요. 이와 반대로 아보카도는 달콤하지 않은 데다가 초록빛을 띠고 있어서 채소로 오해받곤 하지만, 커다란 나무에서 수확하는 열대 과일이랍니다.

⑤ ④를 트리 위에 올리고, 사워크림을 지그재그로 뿌려서 완성합니다.

Tip 사워크림 대신 플레인 요거트를 사용할 수 있어요.

크리스마스 어드벤트 달력

12월 들어서자마자 아이들이 자주 하는 질문이 있어요. "엄마, 크리스마스 되려면 몇 밤 더 자야 해요?" 질문은 크리스마스 전날까지 계속되지요. 몰라서가 아니라 알면서도 너무 기대되고 설레어 묻고 또 묻는 그 마음, 엄마들도 잘 이해하지요? 아이들과 함께 특별한 달력을 만들어 보세요. 독일에서 시작된 '어드벤트 달력'은 12월 1일부터 24일까지 24개의 방을 만들어 하루 하나씩 선물을 열어 볼 수 있도록 만든 달력이랍니다.

준비물 검은색 4절지, 색종이, 일회용 컵(빨간색, 초록색), 트리 장식볼, 스티로폼 공, 사인펜, 가위, 풀, 양면테이프

① 일회용 컵의 밑면에 양면테이프를 붙여요.

② ①을 검은색 4절지에 트리 모양으로 붙여 주세요.

③ 별과 나무 기둥 모양으로 색종이를 오려 붙이고, 군데군데 트리 장식볼을 꽂아요.

Tip 컵 안쪽에 초콜릿이나 사탕을 넣고 나서 장식볼을 넣어도 좋아요.

④ 스티로폼 공에 숫자를 쓴 다음, 순서대로 컵에 꽂아서 완성합니다.

크리스마스 핑거푸드로 딱!

산타클로스 카나페

아이들이 크리스마스를 기다리는 이유는 산타 할아버지, 더 정확히 말하면 산타 할아버지가 가져다줄 선물 때문 아닐까요? 이번 크리스마스에는 아이들의 간절한 마음을 담은 산타클로스 카나페로 크리스마스 파티를 준비해 보세요. 파티라고 해서 거창하게 준비할 필요는 없어요. 간단한 핑거푸드 한두 가지에 아이가 좋아하는 과일과 음료를 곁들이고, 크리스마스 분위기를 살려 줄 장식이면 더할 나위 없이 충분하답니다.

재료 8개 분량

크래커 8개
슬라이스 햄 2장
슬라이스 치즈 4장(하얀색, 노란색 2장씩)
방울토마토 2~3개
검은깨 약간

도구
둥근 모양틀
이쑤시개

① 크래커를 준비해요.

Tip 크래커 대신 식빵을 잘라서 사용할 수 있어요.

② 노란 슬라이스 치즈를 동그랗게 모양 내어 ① 위에 올려요.

③ 슬라이스 햄을 모자 모양으로 잘라서 ② 위에 올려요.

④ 방울토마토를 4등분하여 산타 옷을 표현해 주세요.

한입 크기의 카나페가 긴 의자라니?

젓가락이나 숟가락, 포크 같은 도구 없이 말 그대로 '손으로 먹는 음식'인 핑거푸드. 핑거푸드의 대명사인 카나페는 크래커나 빵 위에 다양한 재료를 올려서 한입에 간편하게 먹을 수 있도록 만든 음식이에요. 그런데 '카나페'는 원래 프랑스어로 '긴 의자'를 뜻한다니 신기하지요? 재료가 올려진 모습이 긴 의자 위에 사람이 앉은 모습과 비슷해서 붙여진 이름이랍니다.

⑤ 하얀 슬라이스 치즈를 긴 직사각형, 반원, 원 모양으로 잘라서 수염과 털모자, 방울을 표현해요.

⑥ 검은깨로 산타 눈을 붙여서 완성합니다.

Tip 물을 살짝 묻힌 이쑤시개로 검은깨를 붙이면 편해요.

스키 타는 산타

산타클로스는 270년 소아시아에서 태어나 수많은 선행을 베푼 '세인트 니콜라스'로부터 유래하여, 착한 아이들에게 선물을 주는 사람의 대명사가 되었어요. '산타클로스' 하면 빨간 털옷에 흰 수염이 풍성한 할아버지가 떠오르는데, 이 모습은 사실 1930년대 한 음료 회사의 광고에서 만들어진 것이라니 재미있지요? 오매불망 크리스마스를 기다리며, 산타 할아버지는 뭘 하고 놀까? 상상하는 아이와 스키 타는 산타를 만들어 보았어요.

준비물 두꺼운 도화지, 우드락 2장, 꼬치, 아이스크림 막대, 연필, 지우개, 채색 도구(색연필, 사인펜 등), 가위, 글루건

① 도화지에 산타클로스, 루돌프 등을 손바닥 크기로 스케치해요. 이때 스키 타는 모습이 표현되도록 팔다리를 벌려서 그려요.

Tip 두꺼운 도화지에 그려야 세우기 좋아요.

② ①을 색칠하여 가위로 오려요.

Tip 매직이나 사인펜으로 테두리를 그리면 좀 더 깔끔해 보여요.

③ 글루건으로 꼬치를 손에 붙여서 스키 폴대를 표현해요.

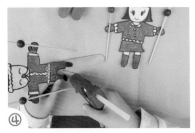

④ 발을 1cm가량 접어서 아이스크림 막대에 글루건을 이용해 붙여요.

⑤ 스키 타는 산타와 친구들을 우드락에 꽂아 주세요.

⑥ ⑤의 밑면에 우드락을 1/3 폭으로 잘라 붙여서 경사면을 완성합니다.

나의 사랑을 받아 주세요!

밸런타인 장미 티라미수

행복한 날일 것만 같은 밸런타인데이에 슬픈 사연이 있어요. 3세기 로마 황제는 전쟁에 나가기 전에 병사들이 결혼하는 것을 금지했어요. 당시 발렌티누스라는 사제가 황제의 명을 어기고 병사들의 주례를 섰다가 처형당한 날이 바로 2월 14일이었답니다. 시간이 흘러 사랑을 고백하는 날로 자리 잡았지요. 아이들이 밸런타인데이에 가장 먼저 생각하는 사람은 고맙게도 엄마, 아빠! 이번 밸런타인엔 달콤한 티라미수를 만들어 서로에게 사랑을 고백해 볼까요?

재료 3개 분량

딸기 6개
통밀쿠키 3개(카스텔라로 대체 가능)
초콜릿 쿠키 3개
버터 1큰술
생크림 100g
크림치즈 50g
설탕 1큰술

도구

밀대
지퍼백
소형 플라스틱 컵 3개
핸드 믹서(휘핑용)

① 통밀쿠키를 지퍼백에 넣고 밀대로 잘게 부순 다음, 녹인 버터 1큰술을 넣고 섞어요.

Tip 밀대로 밀다가 지퍼백이 터질 수 있으니 지퍼백을 살짝 열어 주세요.

② ①을 투명한 용기에 나눠 담아요.

③ 딸기 3개를 다져서 ② 위에 올려요.

④ 생크림에 설탕을 1큰술 넣고 휘핑한 다음, 크림치즈를 섞어서 플라스틱 컵 끝까지 담아요.

Tip 생크림에 설탕을 넣으면 휘핑 크림이 더 단단해져요.

뜻이 더 달콤해!

이탈리아의 대표 디저트 메뉴인 티라미수. 넣자마자 달콤한 맛이 입속 가득 퍼지지요. 티라미수는 뜻도 달콤해요. 이탈리아어로 '끌다'라는 뜻의 '티라레'와 '나'를 뜻하는 '미', '위'라는 뜻의 '수'의 합성어로, 직역하면 '나를 위로 끌다'라는 뜻이 된답니다. 커피를 넣지 않고 직접 만들면, 기분이 좋아지고 기운이 나게 하는 티라미수를 아이들도 먹을 수 있어요.

⑤ 초콜릿 쿠키를 밀대로 잘게 부숴서 ④에 올린 다음, 냉장고에서 30분 이상 차갑게 굳혀요.

⑥ 딸기에 칼집을 내어 장미꽃 모양으로 만든 다음, ⑤에 올려서 완성합니다.

사랑을 전하는 편지꽂이

아이들이 글을 어느 정도 익히게 되면, 삐뚤빼뚤 서툰 글씨로 '엄마! 사랑해요!'라고 짧은 편지를 써서 주는 일이 종종 있어요. 답장을 채근하며 기다리기도 하지요. 예쁜 편지꽂이를 만들어 편지를 주고받는 건 어떨까요? 자고 일어났을 때나 집으로 돌아왔을 때, 편지꽂이에서 편지를 발견하면 누구라도 무척 기쁠 거예요. 꼭 밸런타인데이가 아니라도 괜찮아요. 편지를 기다리고 주고받으며 즐거운 추억이 쌓일 테니까요.

준비물 다양한 색의 펠트지, 우드 이니셜 장식, 끈, 가위, 펀칭기, 글루건

① 펠트지를 크고 작게 잘라서 가족 수만큼 주머니를 만들어요.

② 큰 펠트지에 글루건으로 ①의 주머니를 붙여요.

Tip 글루건은 장갑을 끼고 사용합니다. 아이가 어리면 어른이 도와주세요.

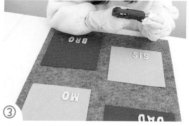

③ 우드 이니셜 장식이나 이니셜 스티커를 붙여서 주머니를 꾸며요.

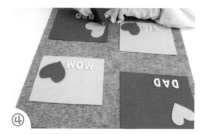

④ 남은 펠트지를 이용해 편지꽂이를 장식해 주세요.

⑤ 큰 펠트지 윗부분을 펀칭기로 구멍 내고 끈을 달아서 완성합니다.

195

새로운 시작을 앞둔 너에게
졸업 퐁듀 쿠키팝

2월, 졸업 시즌이 되면 엄마들 몸과 마음이 바빠지지요. 그동안 정들었던 교실과 선생님, 친구들과 작별해야 하는 아이들이 안쓰럽기도 하고, 낯선 환경에서 새로운 시작을 잘 해낼 수 있을까 걱정되기도 해요. 아이들도 마찬가지랍니다. 인생의 한 과정을 무사히 마친 아이들에게 떠남의 아쉬움보다 끝맺음의 뿌듯함과 새로운 시작의 설렘을 선사해 보는 건 어떨까요? 아이들이 좋아하는 쿠키와 초콜릿으로 멋진 졸업 축하 쿠키팝을 만들면서요!

재료 4개 분량

초코샌드 4개
화이트 초콜릿 100g
밀크 초콜릿 50g
초코펜
스프링클

도구
아이스크림 막대 4개
색종이(검은색, 노란색)
이쑤시개

① 화이트 초콜릿을 중탕으로 녹여요.

Tip 초콜릿을 중탕할 때는 뜨거운 물이 담긴 큰 그릇에 초콜릿이 담긴 그릇을 넣고 잘 저어 주면 됩니다.

② 초코샌드를 반으로 가른 다음, 아이스크림 막대에 ①을 묻혀서 올리고 초코샌드를 다시 덮어서 굳혀요.

③ ②를 ①에 푹 담가서 초콜릿을 입힌 다음, 완전히 굳혀요.

④ 밀크 초콜릿을 중탕한 다음, ③을 살짝씩 담가서 머리카락을 표현해요.

퐁듀야말로 '찍먹'이지!

퐁듀는 긴 꼬챙이에 음식을 끼워서 녹인 치즈나 소스에 찍어 먹는 스위스 전통요리를 말해요. 19세기 초, 스위스의 사냥꾼들이 한겨울 깊은 산속에서 딱딱하게 언 치즈를 녹여서 마른 빵을 찍어 먹었던 것이 시초라고 해요. 추위도 녹이고 끼니도 때우는 소박한 겨울나기 음식으로 시작했지만, 지금은 찍어 먹는 재료도 소스도 다양해졌답니다. 그중에서도 과일이나 마시멜로를 초콜릿에 찍어 먹는 초콜릿 퐁듀는 아이들에게 인기 최고!

⑤ 초코펜, 스프링클 등으로 장식하여 얼굴을 표현해요.

Tip 이쑤시개에 초콜릿을 살짝 묻혀서 스프링클을 붙이면 편해요.

⑥ 색종이를 졸업식 가운 모양으로 오린 다음, 막대 위에 올려서 완성합니다.

Tip 검은색 색종이를 계단 접기로 접어서 오리면 연결된 모양으로 만들 수 있어요.

나를 위한 상장

누구에게나 상을 받고 칭찬을 받는 건 기분 좋은 일이에요. 특히 아이들에게 긍정적인 행동을 강화하는 역할을 하지요. 지난 일 년 동안 나는 무엇을 잘했을까, 칭찬받을 만한 일을 했을까를 돌아보며 아이 자신에게 주는 상장을 만들어 보면 어떨까요? 잘한 일은 칭찬하고 부족한 부분은 반성하는 소중한 기회가 된답니다. 자신을 위한 상을 만든 다음, 엄마, 아빠를 위한 상을 만들어 보는 것도 좋아요!

준비물 A4용지, 색종이, 자, 연필, 사인펜, 핑킹 가위, 가위, 풀

① A4 용지에 1cm가량 여백을 남기고 테두리를 그려서 상장 종이를 만들어요.

② 금색 색종이를 핑킹 가위로 동그랗게 오려 주세요.

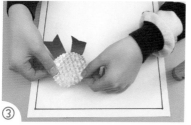

③ 빨간 색종이를 리본 모양으로 오려서 ② 밑에 붙인 다음, 상장 종이의 위쪽에 붙여요.

④ 본인에게 줄 상의 이름을 정하고 상의 내용을 써요.

Tip 연필로 먼저 내용을 쓴 다음, 사인펜으로 덧쓰면 실수를 줄일 수 있어요.

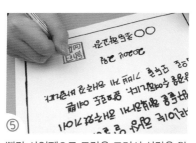

⑤ 빨간 사인펜으로 도장을 그려서 상장을 완성합니다.

요리 찾아보기

창의력, 정서 발달과 편식 개선을 돕는

세상에서 제일 맛있는 엄마표 요리놀이

ⓒ최인영 2020

초판1쇄 인쇄 2020년 4월 9일
초판3쇄 발행 2024년 1월 10일

지은이 최인영

펴낸이 김재룡
펴낸곳 도서출판 슬로래빗

출판등록 2014년 7월 15일 제25100-2014-000043호
주소 (04790) 서울시 성동구 성수일로 99 서울숲AK밸리 1501호
전화 02-6224-6779
팩스 02-6442-0859
e-mail slowrabbitco@naver.com
블로그 http://slowrabbitco.blog.me
포스트 post.naver.com/slowrabbitco
인스타그램 instagram.com/slowrabbitco

기획 강보경   편집 김가인   디자인 변영은 miyo_b@naver.com

값 15,000원
ISBN 979-11-86494-58-5 13590

「이 도서의 국립중앙도서관 출판시도서목록(CIP)은 서지정보유통지원시스템 홈페이지(http://seoji.nl.go.kr)와 국가자료공동목록
시스템(http://www.nl.go.kr/kolisnet)에서 이용하실 수 있습니다. (CIP제어번호: CIP2020014315)」